Basic makeup

NCS기반 기초메이크업

강정인 · 심예원 · 이미희
이정선 · 이주미 · 천지연

Gadam PLUS BOOK & DESIGN

[머리말]

인류 역사의 시작과 함께 미에 대한 관심을 시작되었고, 인류 문화의 발달과 더불어 미용 산업은 커다란 발전을 이루었다. 특히, 매스미디어(mass media)의 발달과 함께 현대인들의 생활에서 메이크업은 필수적인 요소로, 아름다움을 표현하고 자신만의 개성을 연출할 수 있는 중요한 표현수단이며, 외적인 이미지 관리의 필요한 도구이기도 하다.

최근 SNS(Social Network Services)가 널리 보급됨으로써 메이크업에 대한 정보와 테크닉 등을 공유하게 되고, 획일화된 가치에서 서로 다른 개성이 인정되는 복합적인 가치를 인정하는 사회로 변화되면서 메이크업에 대한 인식의 변화와 발전을 거듭하고 있으며, 메이크업 전문가로 입문하고자 하는 학생들의 수가 날로 증가하고 있다.

메이크업전문가가 되기 위해 메이크업을 배우기 시작하는 학생들에게는 이론과 실기의 기초적인 이해가 가장 중요한 영역이다. 이 책은 메이크업아티스라면 갖추어야 할 기초 이론 지식과 실기 테크닉을 함양하는데 주안점을 두어 메이크업 입문서로서 개발하였다.

본 책의 구성은 제1장에서는 메이크업에 대한 이해를 돕기 위한 메이크업 개요를 정리하였으며, 제2장에서는 메이크업의 기원, 서양과 한국의 메이크업의 역사에 대해 정리하였다. 제3장은 신체 색과 조화를 이루기 위해 개개인의 컬러 연출을 위한 퍼스널컬러에 대해 정리하였고, 제4장은 메이크업 실기테크닉의 기초로 부분별 메이크업 테크닉을 자세히 정리하였다. 제5장은 테마별 뷰티메이크업을 디자인 할 수 있도록 내추럴 메이크업부터 트렌드 메이크업까지 기본적인 메이크업테크닉을 정리하였다.

이 책을 통해서 메이크업의 기초지식을 함양하고자 하는 메이크업전문가가 되기 위한 학생들에게 나름 지침서가 되길 바라며, 앞으로 더 보완해야 할 점을 찾아 완성도 높은 교육 자료가 되도록 노력하겠습니다.

끝으로 이 책이 나오기까지 애써 주신 가담플러스 고범석사장님께 감사드리며, 책을 이쁘게 편집해주신 편집부 여러분께 진심으로 감사의 마음을 전합니다.

2017. 2
저자 일동

Contents

Contents

Ⅱ. 메이크업의 역사

Contents

Contents

V. 메이크업 디자인

Contents

Contents

Ⅰ. 메이크업의 개요

1. 메이크업(Make-up)의 정의 및 분류

1) Make-up이란?

- 사전의 의미
  '보완하다', '완전하게 하다'
  분장, 화장품, 분장도구를 포함
- 신체의 일부에 색을 부여하고 조화시켜 외형을 아름답게 추구하는 행위로 본래의 타고나 얼굴을 외적 정신과 내적감각으로 창조하는 것

2) Make-up과 같은 표현

- **메이크업**(Make-up) : 17C초 영국 시인 리차드 크라슈(richard crashou)가 "여성의 매력을 높여주는 행위를 메이크업이라 한다."라고 처음 사용
- **페인팅**(Painting) : 백납분에 색상과 향료를 섞어 만든 다채로운 안료를 얼굴에 칠하는 것으로 분장을 의미함
- **토일렛**(Toilet) : 프랑스어로 원래 토일렛(toilet-화장실)이라는 의미로 화장을 포함한 몸치장 전반을 가리키는 용어
- **드레싱**(Dressing) : 복장, 복식, 화장, 장식을 의미
- **마뀌아쥬**(Maguillage) : 분장을 의미하는 연극용어
- **화장**(化粧) : 화장품을 바르거나 문질러 얼굴을 곱게 꾸밈

- **화장의 용어** – 가꾸는 행위와 정도에 따라

  ◇ **담장**(淡粧) : 피부를 희고 깨끗하게 가다듬는 정도의 기초화상을 의미
  ◇ **농장**(濃粧) : 담장보다 짙은 상태의 색채화장 정도
  ◇ **염장**(艶粧) : 짙은 색채화장으로 기생이 했던 분대화장
  ◇ **응장**(凝粧) : 농장과 유사하나 더욱 또렷하게 꾸민 상태의 신부화장
  ◇ **야용**(冶容) : 박색을 미인으로 치장하는 억지로 아름답게 꾸미는 분장의 정도
  ◇ **성장**(盛粧) : 야하거나 화려함을 의미
  ◇ **단장**(端粧) : 얼굴 치장과 아울러 옷치장, 장신구의 치레를 의미

3) 메이크업의 분류

(1) 일반적인 분류

① **일반 메이크업 :** 일상생활에서 주로 사용되고 있는 일반 대중들의 메이크업과 신부를 대상으로 하는 신부메이크업

② **영상 메이크업 :** TV와 CF, 영화, 사진 등의 화면 또는 광고 등에 사용하는 메이크업

③ **무대 메이크업 :** 무용, 연극, 오페라, 창극, 뮤지컬, 이벤트 등과 같이 무대에서 사용하는 메이크업

④ **아트 메이크업 :** 환타지, 페이스 페인팅, 바디 페인팅 등과 같이 실용적 측면과 예술적 측면을 조합한 메이크업

⑤ **특수효과 메이크업 :** 보철 메이크업, 보정 메이크업 등과 같이 실제 얼굴의 골격을 다른 재료와 도구를 이용하여 입체적으로 변화시키는 메이크업

(2) 목적에 따른 분류

① **내츄럴 메이크업**(Natural Make-up) : 자연스러운 메이크업

② **스트레이트 메이크업**(Straight Make-up) : 사실적이면서 평범하게 표현한 메이크업으로 앵커, 아나운서, 신랑 메이크업

③ **스테이지 메이크업**(Stage Make-up) : 연극, 패션쇼, 발레 등 무대에서 하는 메이크업

④ **캐릭터 메이크업**(Character Make-up) : 연극, 오페라, TV등 역할에 맞게 하는 메이크업

⑤ **시네마 메이크업**(Cinema Make-up) : 영화 촬영을 위한 메이크업

⑥ **파티 메이크업**(Party Make-up) : 모임을 위한 메이크업

⑦ **브라이드 메이크업**(Bride Make-up) : 신부를 위한 메이크업

⑧ **포토**(Photo Make-up) **메이크업** : 잡지, 카탈로그 등 사진작업을 위한 메이크업

(3) 완성에 의한 분류

① **수정 메이크업** : 결점을 보완하고 장점을 최대한 살린 메이크업

② **계절 메이크업** : 각 계절의 분위기에 어울리는 색의 변화를 살린 메이크업

③ **패션 메이크업** : 유행 경향과 의상 스타일에 따른 메이크업

④ **이미지 메이크업** : 특정한 이미지를 강조할 때 사용되는 메이크업

⑤ **특수분장** : TV, 영화, 포스터 촬영 등 특수한 목적에 사용되는 메이크업

⑥ **인종변화 메이크업** : 다양한 피부색 톤의 변화를 주어 이미지를 만드는 메이크업

2. 메이크업의 목적

- 외부의 먼지나 자외선, 대기오염 및 온도 변화에 대해서 피부 보호
- 아름다워지고 싶어 하는 기본적인 미화의 목적으로 이용
- 얼굴의 결점을 보완하고 장점을 부각시켜 주는 자기표현
- 아름다움 추구 및 자기만족, 사회적 에티켓, 개성 창출 등 외형 뿐 아니라 심리적 안정과 자신감 표현

3. 메이크업의 기능 및 조건

1) 메이크업의 기능

① 미화의 기능

- 가장 기본적인 기능
- 메이크업 제품을 사용하여 외형의 아름다움을 추구

② 심리적 기능

- 사고방식이나 가치추구가 표출되며 인물의 성격이 메이크업으로 표현

③ 사회적 기능

- 사회에서 갖는 지위, 직업, 신분을 표시하고 사회적 관습을 나타내며 무언의 의사전달 등을 표현

2) 메이크업의 조건

① **일관성**(consistency) : 일관된 이미지를 창조하여 통일감을 만드는 것

② **조화**(balance) : 의상, 헤어 등의 전체적인 이미지의 조화를 고려

③ **대비**(contrast) : 색상, 명도, 채도를 이용한 색의 대비효과

④ **변화**(change) : 얼굴의 장 · 단점을 고려하여 선이나 면을 강조한 입체감을 주어 변화시키는 것

⑤ **대칭**(symmetry) : 얼굴의 좌우 균형을 고려한 메이크업

⑥ **그라데이션**(gradation) : 색의 경계가 없이 잘 펴주는 기술

4. 메이크업의 구성요소

1) 색상

- 가장 자극적인 요소
- 시각적으로 가장 먼저 인식
- 색에 대한 감정은 오래도록 지속
- 색상 별로 복잡하고 창조적인 기능을 함

(1) 색의 연상과 이미지

- 색을 보았을 때 심리적 활동의 영향으로 어떤 현상이나 이미지가 나타나는 것

◦ 색채와 연상 이미지는 개인적인 경험, 기억, 사상, 의견 등이 색에 투영되는 것으로 연상은 특정 층의 사람들이 선호하는 색, 또는 일반적으로 좋은 느낌을 주는 색

[색채의 연상 언어]

구분		톤		
		밝은 색의 경우	순색의 경우	어두운 색의 경우
유채색	빨간색	행복, 봄, 온화함, 젊음, 순정	기쁨, 정열, 강렬, 위험, 혁명	힘, 답답함, 무거운
	주황색	따뜻함, 기쁨, 명랑, 애정, 희망	화려함, 악동, 무질서, 명예	가을, 풍요, 칙칙함, 엄격, 노후됨, 중후함
	노란색	미숙, 활발, 소년	황제, 환희, 발전, 노폐, 경박, 도전	신비, 풍요, 어두움, 음기
	연두색	초보적인 신록, 목장, 초원	생명, 사랑, 산뜻, 소박	안정, 차분함, 자연적인
	초록색	양기, 온기, 명랑, 기쁨, 평화, 희망, 건강, 안정, 상쾌, 산뜻	희망, 휴식, 위안, 지성, 고독, 생명	침착, 우수, 심원함(깊은 숲, 산 등 연상)
	파란색	젊음, 하늘, 신, 조용함, 상상, 평화	희망, 이상, 진리, 냉정, 젊음	어두운, 근심, 쓸쓸함, 고독, 반성, 보수적
	남색	장엄, 신비, 천국, 환상, 차가움	차가움, 영국 왕실, 이해	위엄, 숙연함, 불안, 공포, 고독, 신비
	보라색	귀인, 고풍, 고귀, 우아, 근엄, 부드러움, 그늘, 실망	고귀, 섬세함, 퇴폐, 권력, 도발	공포, 불안, 무거움
	자주색	도회적, 화려함, 사치, 섹시	궁중, 왕관, 권력, 허영	신비, 중후, 견실
무채색	흰색	청순, 결백, 신성, 웨딩드레스, 청정		
	회색	평범, 소극적, 차분, 쓸쓸함, 안정, 스님		
	검정색	밤, 약함, 강함, 신비, 정숙, 슬픔, 불안 상복, 모던, 장엄함, 죽음, 공포		

(2) 색채의 심리효과

- 난색은 행복하고 자유롭고 발랄하게 보이며, 한색은 차분하고 경험이 풍부하며 성숙한 느낌
- 명도가 높은 색은 순수하며 젊고 천진난만하게 보이며 명도가 낮는 색은 나이가 들어 원숙한 느낌
- 선명한 고채도의 색은 젊고 발랄하게 보이며 탁한 채도와 무채색은 성숙하게 세련되며 차분한 느낌

① 온도감

- 색상이 주는 따뜻함과 차가움의 정도
- 색상, 명도, 채도의 조화
- 온도감이 미치는 효과는 색에 있어서 가장 기본적인 요소
  - ◦ **난색** : 따뜻한 느낌을 주는 색, 빨강, 노랑계열의 색, 명도가 낮는 검은색
  - ◦ **한색** : 차가운 느낌을 주는 색, 파랑계열의 색, 난색의 저명도ㆍ저채도, 흰색
  - ◦ **한색계열의 섀도우** : 눈이 커보이는 효과
  - ◦ **난색계열의 섀도우** : 부드러우며 여성적인 느낌

[난색]

[한색]

② 진출색과 후퇴색

- 색이 튀어나와 보이거나 들어가 보이는 색
- 얼굴의 입체감과 거리감을 표현
  - ◦ **진출색** : 난색, 고명도, 유채색

◦ **후퇴색** : 한색, 저명도, 무채색

[진출색]

[후퇴색]

③ 경연감

- 색채가 주는 단단하거나 부드러움 정도
  - ◦ 명도와 채도의 영향
  - ◦ **단단함** : 난색, 저명도, 고채도
  - ◦ **부드러움** : 한색, 고명도, 저채도

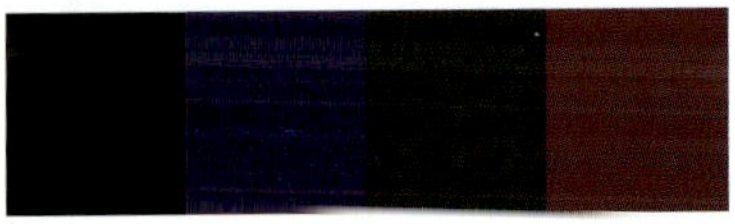

[단단한 색]

[부드러운 색]

④ 중량감

- 색에 의한 무게감은 색상이 주는 가벼움과 무거움
- 명도의 영향
  - ◦ **가벼움** : 명도가 높은 색, 밝은 노랑 · 연두
  - ◦ **무거움** : 명도가 낮은 색, 어두운 파랑 · 빨강

[가벼운 색]

[무거운 색]

⑤ 화려함과 소박함

- 화려하고 수수한 느낌은 채도의 영향
  - **화려함** : 고채도의 색
  - **소박함** : 저채도의 색

[화려한 색]

[소박한 색]

2) 선

선과 형은 모든 메이크업의 기초가 되며, 선의 방향이나 형태에 의해 다양한 변화를 만들어 냄

형태		이미지
수직선		• 위・아래로 향하는 선 • 공격적인, 강인한, 명확한, 남성적인
수평선		• 평평한 상태의 선 • 온화한, 여성적인, 무난한, 부드러움, 평범한
사선	상향선	• 명량, 쾌활, 개성, 젊어 보임 • 차가우며 강해 보이는 인상
	하양선	• 유머러스한, 온화한, 착한 인상 • 바보스러우며 우울한 인상

3) 질감

(1) Standard Texture (표준 질감)

- 가장 무난한 타입의 질감
- 광택의 변화가 적음

(2) Mat Texure (건조한 질감)

- 광택이 없는 상태의 질감
- 나이를 들어보이게 하거나 성숙미를 표현할 때, 지적인 느낌을 원할 경우에는 건조함을 살려 메이크업
- **소프트 매트**(Soft Mat) : 평면적인 부드러운 인상을 연출
- **하드 매트**(Hare Mart) : 무겁고 볼륨감 있는 질감 표현

(3) Gloss Texture (윤기 있는 질감)

- 윤기 있으며 매끈한 질감으로 빛을 반사
- 조명의 각도에 의해 다양하게 표현

(4) Lridescent (펄 있는 질감)

- 파우더에 의한 펄 질감이 나는 것으로 펄 파우더나 펄을 함유한 파운데이션 등의 제품을 이용하여 피부에 광택을 주어 화려하게 표현
- 화사한 펄의 효과를 잘 활용한 광고사진이나 패션쇼, 매스컴 등에서 사용

4) 조명

- 메이크업은 빛이나 조명에 의해 색이나 형태를 표현 가능
- 조명을 고려하여 메이크입의 색상을 선택

(1) 자연조명

- 본래의 색상을 충분히 표현
- 사실 그대로 노출되기 때문에 자연스러운 메이크업으로 표현

(2) 인공조명

- 색상을 다양하게 변화시켜서 표현
- 30% 정도의 색이 조명에 흡수되기 때문에 강하게 메이크업을 표현

① 백열등

- 따뜻한 톤은 더욱 강하게 표현되고 차가운 톤은 약하게 표현
- 붉은 색, 베이지색, 핑크색, 갈색 등은 실제의 색보다 진하게 표현

② 형광등

- 황색계열이나 베이지색 계열의 파운데이션은 진하게 표현되므로 피해야 함
- 푸른색을 보랏빛으로 변화되어 보이므로 주의
- 핑크색은 다양하게 변화되어 표현
- 회색 아이섀도우는 진하게 표현

5. 메이크업의 도구

1) 스펀지 (Sponges)

- 메이크업 베이스나 파운데이션을 뭉치지 않게 고루 펴 바를 때 사용하는 도구
- 피부 결을 따라 스폰지 편을 활용하여 손에 힘을 빼고 가볍게 사용하면 깨끗한 피부표현이 가능
- **라텍스 스펀지** : 천연 생고무로 만들어져 촉감이 부드럽고 피부에 자극 없이 사용 가능
- **해면 스펀지** : 액체 파운데이션이나 펜 케이크 사용 시 유용하며 파운데이션의 소모를 방지

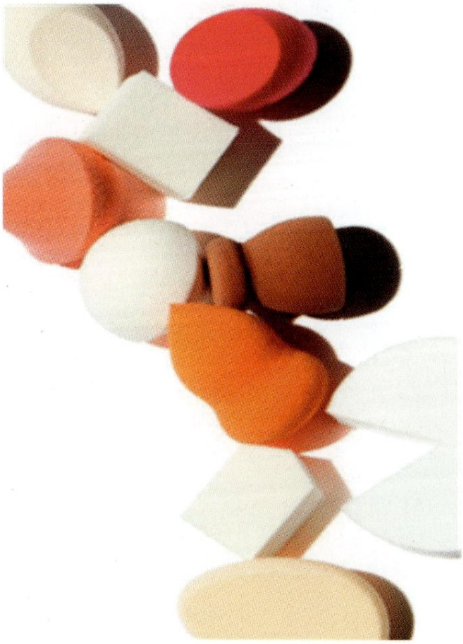

2) 파우더 퍼프 (Powder Puff)

- 파우더를 바를 때 사용하는 것으로 적당량의 파우더를 바를 경우 얼룩짐이나 뭉침을 방지하며 유분을 제거

3) 브러시 (Brushes)

- 아이섀도우나 파우더, 파운데이션을 바를 때 사용
- 부드럽고 탄력이 있는 털이 잘 빠지지 않게 마무리 잘 처리된 것을 선택
- 천연모로 만들어진 것이 피부자극이 덜하며 탄력이 좋아 장시간 사용해도 형태변형이 적음

(1) 메이크업 브러시 (Make-up Brush)

① 파운데이션 브러시(Foundation Brush)

◦ 파운데이션을 매끄럽고 얇게 펴 바를 때 사용

◦ 파운데이션 특유의 수분감과 윤광느낌을 주는데 효과적

Foundation Brush

② 파우더 브러시(Powder Brush)

◦ 브러시 중 가장 크고 부드러우며 둥근형태

◦ 얼굴 전체에 파우더를 바를 때 사용

◦ 무겁지 않고 촉촉한 느낌을 그대로 표현

Powder Brush

③ 팬 브러시(Fan Brush)

◦ 부채꼴 모양의 브러시

◦ 파우더의 남은 잔여물을 제거 시 사용

Fan Brush

④ 치크 브러시(Cheek Brush)

◦ 볼 화장할 때 사용하는 브러시

◦ 각도에 따라 색상 톤이 다르게 표현

◦ 털이 부드럽고 풍성한 천연모가 적합

Cheek Brush

⑤ 컨실러 브러시(Concealer Brush)

- 다크 서클, 붉은 반점, 여드름, 기미 등 컨실러로 부분 커버를 할 때 사용하는 브러시

Concealer Brush

(2) 눈 화장용 브러시 (Eye Make-up Brush)

① 베이스 브러시(Base Brush)

- 아이섀도우를 눈두덩이에 펴바르거나 그라데이션 할 때 사용하는 브러시
- 납작하고 끝이 둥글어야 그라데이션이 용이

Base Brush

② 포인트 브러시(Point Brush)

- 아이섀도우 포인트 부분에 사용하는 브러시
- 폭이 좁고 탄력이 있어야 섬세하게 표현

Point Brush

③ 아이 스머지 브러시(Eye Smudge Brush)

- 둥근 모양의 끝이 살짝 뾰족한 형태의 브러시
- 속눈썹 라인을 따라 눈매를 강조하는 메이크업 시 사용하면 효과적

Eye Smudge Brush

④ 노즈 섀도우 브러시(Nose Shadow Brush)

- 자연스러운 노즈섀도우 표현할 때 또는 아이섀도를 가볍게 펴 바를 때 사용하는 브러시

Nose Shadow Brush

⑤ 눈썹 브러시(Eye Brow Brush)

- 브러시의 끝이 사선형태로 되어 있는 브러시
- 눈썹의 윤곽을 그리거나 색감을 채울 때 사용하는 브러시

Eye Brow Brush

⑥ 스크루 브러시(Screw Brush)

- 나선모양으로 된 브러시
- 눈썹을 그리기 전에 정돈해 주며 색이 짙게 되었을 경우 자연스럽고 부드럽게 할 때 사용하는 브러시
- 마스카라 후 속눈썹이 뭉쳤을 때 사용

Screw Brush

⑦ 아이라이너 브러시(Eyeliner Brush)

- 탄력이 좋고 잘 모아진 끝이 가는 형태 또는 납작한 형태의 브러시
- 섬세하고 또렷한 라인을 그릴 때 사용

Eyeliner Brush

⑧ 팁 브러시

- 스펀지 재질의 브러시
- 강한 포인트 색을 펴 바를때 사용하는 브러시

⑨ 아이브로 콤 브러시(Eyebrow Comb Brush)

- 눈썹을 정리할 때 또는 빗으로 눈썹을 다듬을 경우에 사용하는 브러시
- 속눈썹사이에 마스카라가 뭉친 경우에 빗어 자연스럽게 하는데 사용

Eyebrow Comb Brush

브러시 사용법 및 보관법

- 사용할 때 마다 색조화장품의 잔여물을 말끔히 털어낸다.
- 털어 낼 때는 브러시 결 방향대로 털어내는 것이 좋다.
- 브러시를 세척할 경우 미지근한 물에 브러시 크린너를 풀어서 가볍게 문지르듯 빨아주고 끝을 가지런히 모아서 마른 타월로 물기를 제거한 후, 그늘에 뉘어서 모양이 흐트러지지 않게 말려준다.

4) 기타 도구

① 아이래쉬 컬러(Eyelash Curlers)

- 마스카라 전에 속눈썹을 올려주는 도구
- 직선으로 뻗어 있는 속눈썹에 자연스러운 컬을 주어 눈을 크고 선명하게 연출

Eyelash Curlers

② 눈썹칼(Eyebrow Knife)

- 눈썹 수정 시 사용
- 불필요한 부분의 눈썹과 잔털을 제거

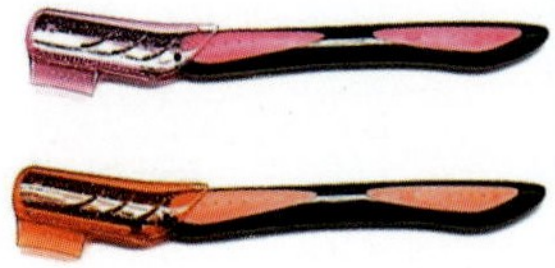

Eyebrow Knife

③ 눈썹가위(Eyebrow Scissors)

- 눈썹 모양을 정리하고 눈썹의 길이를 조절해 줄 때 사용

Eyebrow Scissors

④ **눈썹용 핀셋**(Eyebrow Tweezer)

◦ 눈썹수정 시 지저분한 잔털을 제거할 때 사용

Eyebrow Tweezer

⑤ **스파튤라**(Spatula)

◦ 용기에 든 제품을 덜어 쓸 때와 섞어 쓸 때 사용

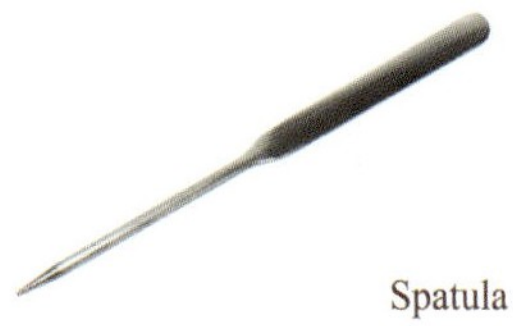

Spatula

⑥ **팔레트**(Palette)

◦ 파운데이션이나 립스틱을 담아 놓고 사용

Palette

⑦ **면봉**

◦ 눈썹, 섀도우, 아이라인, 립라인 등 세밀한 부분을 수정할 때 사용

⑧ **티슈**

◦ 파운데이션의 과잉유분기를 줄여 주거나 립스틱을 오랫동안 유지하기 위해 닦아내 줄 때 사용

Ⅱ. 메이크업의 역사

1. 메이크업의 기원

1) 신체보호설

- 인간이 위험으로부터 자신을 보호하기 위하여 위장, 혹은 은폐시키기 위해 화장을 했다는 가설

2) 장식설

- 자연에서 영향을 받아 꽃이나 동물문양 등과 회화, 조각, 문신 등을 형태로 피부에 흔적을 남겼는데, 이것을 오늘날의 메이크업의 시초로 추정

3) 이성유인설

- 이성에게 매력적으로 보이기 위하여 신체를 장식하거나 가꾸었다는 가설

4) 신분표시설

- 성별, 연령, 지위, 소속집단의 표시나 미혼과 기혼을 표시하기 위해 메이크업이 시작되었다는 가설

5) 종교설

- 초자연과의 융합을 위한 주술적, 종교적 행위로서 색상을 부여하거나 향을 이용하여 병이나 재앙을 물리치고 복을 비는 행위로부터 메이크업이 시작되었다고 보는 가설

2. 서양의 MAKE-UP 역사

1) 고대

- MAKE-UP의 원래 목적 : 신체 보호, 신분표시, 종교의식
- **사용화장품** : 머리, 피부, 손톱에 착색물질 또는 문신에 사용
  - **착색물질** : 동물이나 식물에서 채취한 색료(팔리, 나무껍질, 광물질, 호도, 곤충, 나뭇잎 등)

(1) 이집트

- **화장의 목적** – 신체를 지키고 외부로부터 곤충과 질병을 보호하고 종교의식에서 발달된 화장술
- 정교한 분장 술과 의상 연출, 가발 등에서 보여주듯이 계급층과 권력층들에게는 생활의 일부
- **화장료와 향유사용** – 노출이 많은 피부 보호 관리
- 색과 선을 과감하게 사용– 화장법이 상당히 진보됨
- **화장의 특징**
  - 검은 화장 먹으로 그린 선으로 눈을 강조해서 눈을 크게 만들고 눈 꼬리 부분에 물고기 모양을 그림
  - **코올 사용** – 검정, 회색, 녹색, 청 색 등을 사용
  - 헤나와 백납을 이용하여 분, 볼연지, 입술연지 표현

• **남녀모두 가발 사용** – 검정 색이 주류를 이루며 다크블루 칼라나 황금색 칼라로 염색하여 사용

[이집트 벽화 중 왕비 네페르타리]

[이집트의 화장하는 모습의 벽화]

(2) 그리스

• 전체의 균형미와 조화미를 중시

• 기초화장품은 일상생활에서 자연스럽게 요구되었고 종교의식에서 비롯하여 발달

• **향수와 화장품을 많이 사용** – 분, 섀도우, 입술과 볼 화장 등

• 일반 여성들은 기본적인 간단한 화장

• 헤타이라(hetaira, 직업접대부)들은 전신(유두, 엉덩이)화장과 함께 강한 색조화장을 즐겨함

• **화장의 특징**

◦ 흰 피부를 선호하여 백납 분을 사용하여 피부 톤을 희게 표현

◦ 눈썹은 검게 하여 미간을 좁아 보이게 하고 긴 아치형으로 그림

◦ 양쪽 코 선을 중심으로 조각에 가까운 윤곽을 강조

◦ 입술은 붉게 표현

◦ 볼 화장은 주황색 칼라를 발라 생기 있게 표현

◦ 머리에도 다양한 장식 법으로 아름다움을 발전

- 피부병, 식이욕법, 오일 마사지, 일반 목욕 등 피부를 건강하게 발달
- 종교적 생활 때문에 자연 적인 모습 그대로 표현

[그리스 여성의 화장형태]

(3) 로마

- **그리스의 영향을 받음** – 화장료와 향수 사용
- **우유나 포도주로 얼굴 마사지, 볼, 입술은 야채에서 뽑은 염료사용** – 피부관리와 화장을 선호
- B.C 1세기경 여성의 머리염색, 가발, 향료, 분과 연지를 사용
- 마사지 등 위생관리까지도 전문적으로 함
- **화장의 특징**

◦ 그리스 여성과 대체로 유사

◦ 연분을 바르고 눈과 눈썹을 짙게하기 위해 안티몬, 납, 검댕으로 만든 것을 사용해 검게 칠하고 볼에 연지를 바랐으며 코 위에서 만나는 눈썹이 아름다운 상징이라고 생각

◦ 뷰티점을 볼이나 목, 대담하게 노출된 팔이나 어깨에 붙임

[로마여성의 화장형태]

2) 중세기

- 종교가 사람의 관심과 생활에 절대적인 영향을 미쳤던 시대
- 교회에서 가발과 화장을 엄격히 금지
- 인도나 페르시아의 기술의 문화와 자료를 받아들여 연금술, 약학등 다양한 기술 발달
- 화장학과 약학이 통일되어 영국에 보급 – 과학적이고 근본적으로 제조
- **스페인** – 비누와 목욕품 제조, 프랑스
- 프랑스 향료 식물을 재배하여 향료를 대량 생산
- **화장의 특징**
  - ◦ 몸을 깨끗하고, 청결히 해주는 건강적 측면의 피부보호
  - ◦ 흰 피부를 표현하고 흰색을 더욱 강조하기 위하여 검정, 흑갈색 등의 어두운 색상의 머리와 눈화장
  - ◦ 이마를 넓게 보이고자 이마선의 머리털과 눈썹을 면도

중세초기 (5~10세기)

- 메이크업은 그리스철학과 로마의 영향을 받아 기독교적 금욕주의 사상으로 금기시되어 메이크업을 음탕함과 매춘을 상징하는 것으로 보았다.

중세중기 (11~12세기)

- 화장품과 메이크업에 대한 관심이 점차 되살아 났다.
- 특히 이당시 여성들은 과도한 출산 등으로 인해 빨리 노화되었으며, 메이크업은 이러한 노화를 감추기 위한 수단으로 사용되었다.

중세말기 (13~14세기)

- 당시여성들은 그리스나 로마처럼 창백한 피부, 넓은이마, 갈색아치형의 눈썹, 장미빛 작은입술, 가지런한 손톱을 가진 여성이었다.

[피사넬로의(젊은 공주의 초상화)]

[로히르 반 데르 웨이덴(여인의 초상)]

3) 르네상스

- 이탈리아에서 시작하여 다른 나라로 퍼져 나간 예술과 문화의 재생기간
- 종교적 생활 보다 향장학을 연구함으로써 미에 대한 발전을 유도
- 노화된 피부를 의학적 처방으로 미용적 보호로 화장술 또한 개선
- 화장술을 개발하기 위해 새로운 원료와 향료 색소들을 개발
- **화장의 특징**
  - 눈 주위에 색조화장을 하고 치아에도 메이크업
  - 넓은 이마를 드러내는 것이 아름답다고 생각하여 눈썹과 헤어라인을 깍아내고 머리를 뒤로 넘겨 장식하여 이마를 더욱 넓게 강조
  - 화장품과 향수를 사용했지만 입술, 뺨, 눈에는 너무 진한 색을 피하였고, 눈썹을 가늘게 잘 다듬어 졌으며, 눈은 메이크업을 하지 않았으며 연학 색조의 작은 꽃모양의 입술과 볼화장

[포르투갈의 이사벨라]

[Eleonora di Toledo]

4) 엘리자베스시대

- 얼굴마스크가 유행했던 시기
- 많은 향료와 정교한 헤어스타일 가발이 유행
- **화장의 특징**
  - 알라바스터라는 분말과 점토, 백납 분등을 사용하여 얼굴을 흰 가면처럼 희게 하고 창백하게 표현
  - 이마에 정맥을 그려서 투명하고 희게 보이게 함
  - 넓은 이마와 명암을 이용하여 길고 가는 매부리코 강조
  - 흰 납을 붉은 색으로 물들여 볼과 입술화장
  - 붉은 색의 머리와 금발을 선호

[엘리자베스 여왕]

5) 바로크시대 (17C)

- **미의 기준**
  - 짙은 눈썹과 터질듯 한 가슴, 통통한 손가락 등 풍만하고 성숙한 여인
- **가발이 성행** – 머리 염색
- 귀족들의 미적욕구가 끊임없는 시대로 남녀 모두 과도한 장식과 진한 화장
- **많은 양의 화장품과 정교한 의상** – 사치스러운 생활과 화장술을 사용
- **패치**(Patch : 애교점)**사용**
  - 젊고 매력적으로 보이고, 주근깨와 여드름을 감추기 위해서 달, 초승달, 별, 혜성 같은 모양을 한 애교점이 인기
  - 위치에 따라 눈 주위 '뇌쇄적', 입술 주위 '장난기 있는', 볼 위는 '친절' 등의 의미로 표현
- **화장의 특징** : 진한화장으로 백랍으로 만든 인형
  - 홍조를 띠거나 붉은 연지를 칠한 뺨
  - 모양과 색깔이 장미꽃 같은 입술
  - 살이 찌고 둥근 용모
  - 투명한 피부표현을 위해 분백분 사용
  - 강한 향수 사용

[티치아노(비올란테)]

[티치아노(단장하는 여인의 초상)]

6) 로코코시대 (18C)

- 로카이유(rocaille)와 코키유(coquille)의 합성어로 조약돌과 조개껍데기의 곡선을 뜻함
- 섬세하고 우아한 곡선이 경쾌한 리듬을 형성하며 밝고 세련된 귀족문화
- 화려한 헤어스타일의 가발이 성행- 화려함의 극치
- **화장의 특징**
  - 흰 피부를 선호하여 두텁게 화장하고 얼굴을 매우 희게 강조
  - 깨끗하고 밝게 강조한 눈썹, 장미꽃봉우리 같은 입술
  - 볼은 붉게 표현, 혈관은 아름다운 푸른색으로 표현
  - 쥐의 피부로 인조속눈썹을 만들어 아교로 붙여 사용

[마리앙투아네트]

연지

- 18세기 사용된 연지의 붉은 빛은 진홍색, 장미색, 주홍색등 다양한 색상을 사용
- 연지의 사용은 얼굴의 혈색을 감추기 위한 가면의 역할로 관자놀이에는 갈색, 입술주위에는 밝은 색조를 칠하고 광대뼈 눈 가까이에 원형으로 연지를 바름

7) 근대 (19세기)

(1) 엠파이어 시대 (1789~1815년)

- 프랑스 혁명 이후 나폴레옹 황제가 즉위하여 통치하던 시기
- 고전주의 영향으로 인간 본래의 자연스러운 모습을 갈망
- 화장의 특징
  - 화장을 거의 하지 않는 자연스러운 메이크업
  - 백납으로 만든 화장품으로 창백한 화장이 유행하기 시작
  - 연지를 바르는 화장법이 쇠퇴하기 시작
  - 향수만을 사용하여 자연스러움을 강조

[엠파이어시대 여성]

[나폴에옹 1세의 비 조세핀]

(2) 로맨틱 시대 (1815~1848)

- 반혁명의 시기로 부르봉 왕조가 집권하면서 귀족 중심의 사회로 다시 전개
- 낭만주의 영향으로 정서, 감정, 전통, 신앙을 중시하는 새로운 가치관을 제시
- **자연주의 사상의 대두** – 자연스러운 화장이 주조, 인위적이고 유해한 화장품의 과도한 사용으로 자제 확산
- **화장의 특징**
  - 창백한 피부화장
  - 하지 않은 듯 한 눈화장
  - 볼 위쪽을 붉게 표현

[로맨틱 시대의 여성의 화장]

(3) 크리놀린 시대 (1848~1870)

- 프랑스의 루이 나폴레옹 3세가 즉위한 시기로 프랑스의 지위를 강화시켜 사회, 문화 전반의 절정기
- 귀족적 분위기를 동경하여 로코코 양식을 부활
- 산업혁명으로 인한 기계화에 의한 산업발달과 과학기술발달
- 위생과 청결을 중요시 여겨 자주 목욕하였으며 세정용 비누와 향수를 애용
- 19세기 중반부터 화장이 여성만의 전유물로 인식
- 화장의 특징
  - 자연스러운 메이크업을 선호
  - 흰 피부를 선호
  - 눈은 길고 가늘게 아이라인
  - 입술은 주황이나 빨간색등 정열적인 색을 선호
  - 볼연지의 위치가 위로 올라가게 표현

[게오르그 라브(시씨황후)]

(4) 버슬시대 (1870~1890)

- 빅토리아 여왕 시대
- 1880년 이후부터 화장품의 발달로 미에 대한 여성의 본능적인 욕구가 사회분위기의 변화와 함께 되살아나기 시작
- 색조화장과 붉은 색 볼연지가 다시 유행
- 겔랑에서 최초의 파우더 출시
- 최초로 립스틱 판매 시작
- **화장의 특징**
  - 창백한 피부표현을 위해 비상으로 얼굴을 표백
  - 찰필로 눈을 크게 그리고 검은 유황을 사용하여 눈썹을 강조한 화장
  - 진한 입술
  - 아이라인과 인조속눈썹 등장

[빅토리아 여왕]

8) 현대

(1) 1900년대

- 과학기술의 발달이 급속도로 이루어지면서 교통, 통신 등 여러 분야에서 획기적인 변화가 일어나기 시작한 시기
- 1901년 마사지 크림 생산에 이어 샴푸와 매니큐어는 본격적인 대량생산체제로 발전
- 19세기의 영향으로 자연스러운 메이크업이 지속
- 1909년 러시아 발레단의 파리 공연 동양적인 분위기의 메이크업이 유행
- **화장의 특징**
  - 밝은 색이 인기를 끌게 되어 핑크와 붉은 입술 메이크업이 등장
  - 속눈썹을 위로 말아 올리고 눈썹을 검게 칠하는 기법의 눈 메이크업이 유행

[릴리안 러셀(Lillian Russell)]

(2) 1910년대

- 1912년 이후 영화산업이 성행하기 시작
- 여성의 사회 참여가 본격화되기 시작
- 대중스타의 스타일이 일반대중들에게 전파되기 시작
- 화장품의 대량생산이 시작
- **화장의 특징**
  - 마스카라를 발라 눈매를 더욱 신비롭고 그윽하게 표현
  - 튜브형의 검은 펜슬로 눈썹을 가는 일자형으로 그리고, 눈 주위에는 강한 음영을 넣은 메이크업

[테다바라(Theda Bara)]

[폴라 네그리(Pola Negri)]

(3) 1920년대

- 영화가 본격적으로 대중 오락문화의 역할을 하게 되면서 대중스타가 등장
- 선정성이 강한 짙은 메이크업이 성행
- **화장의 특징**
  - 자연스러운 모습에서 벗어나 인위적인 아름다움을 만드는 것
  - 창백한 느낌의 피부 톤
  - 초생달처럼 굽은 가는 눈썹
  - 검게 화장한 게슴츠레한 눈
  - 또렷하고 선명하게 반짝이는 장미봉우리 같은 붉은 입술
  - 둥그렇게 붉은 볼 화장

[클라라 보우(Clara Bow)]

[마를렌 디트리히(Marlene Ditrich)]

(4) 1930년대

- 화장품 산업은 파우더, 루즈, 펜슬, 크림류 등 새롭게 개발되면서 급속히 성장
- 1936년 영국의 BBC 텔레비전 방송이 시작하면서 영상의 시대
- 1920년대에 비해 휠씬 성숙한 여성의 이미지를 연출
- **화장의 특징**
  - 얼굴을 전체적으로 파운데이션으로 완벽하게 커버하고 턱을 좁아 보이게 하는 어두운 파운데이션을 바름
  - 눈이 움푹 들어가 보이도록 흰색과 검정색, 청색의 아이섀도우를 사용
  - 한올 한올 정교하게 뽑고 가늘게 기교적으로 그린 눈썹
  - 인조속눈썹과 마스카라로 눈을 강조
  - 입술은 크고 선명하게 그리고 반짝이는 빨간색의 립스틱으로 강조

[진할로우(Jean Harlow)]

[그레타 가르보(Greta Garbo)]

(5) 1940년대

- 제2차 세계대전으로 인하여 경제가 침체
- 전쟁 중 군인의 영향으로 성적 매력이 있는 여성들의 이미지가 이상적인 스타일로 등장
- **화장의 특징**
  - 가늘고 신비스러운 긴 눈썹 대신에 두껍고 또렷하게 곡선적인 형태의 눈썹
  - 두툼하고 여성적인 곡선 형태의 빨간 입술
  - 아이펜슬로 눈썹, 눈꼬리 분분을 치켜 올려 표현한 눈을 강조한 메이크업

[캐서린 햅번(Katharine Hepburn)]

[리타헤이워드(Rita Hayworth)]

(6) 1950년대

- 2차 세계대전의 영향으로 문화의 중심이 유럽에서 미국으로 옮겨짐
- 컬러영화, TV, 카메라가 등장 – 컬러의 중요성이 부각
- 화학 기술의 발전으로 새로운 화장품이 개발되면서 눈썹 화장용 연필이 널리 사용
- 미국 헐리우드의 영향으로 색조화장을 위한 아이섀도와 여러 가지 색상의 립스틱도 등장
- 메이크업이 남성들에게 잘 보이기 위한 여성의 가치를 높이는 중요한 수단이 됨에 따라 우아한 이미지를 나타내는 메이크업이 유행
- **화장의 특징**
  - 밝은 색 피부 톤의 인위적인 메이크업
  - 두껍고 진한 눈썹
  - 눈꼬리 부분을 강조하여 그린 아이라인과 인조속눈썹

[마릴린 먼로(Mariyn Monroe)]

[오드리햅번(Audrey Hepburn)]

(7) 1960년대

- 미에 대한 기존의 가치개념의 변화 – 메이크업은 사회구성원에 따라 다양하게 등장하는 미의 표출 수단으로 등장
- 60년대 중반 장식화되고 산업화되는 패션의 영향으로 메이크업 스타일은 더욱 대담하게 전개
- 꿈과 같이 환상적인 세계를 표현하는 하나의 가면 같은 장식적인 환타지 메이크업이 등장
- **화장의 특징**
  - 입술색상과 눈썹 색상은 최대한 흐리게 표현
  - 외곽을 깊게 그린 두터운 아이라이너에 길고 촘촘한 눈썹을 붙여 눈을 강조

[브릿지 바르도(Brigitte Bardot)]

[트위기(Twiggy)]

(8) 1970년대

- 기존 체제에 대한 불신과 저항문화가 확산 – 펑크 운동
- 미용산업의 전반에 걸쳐 건강의 개념이 함께 논의되기 시작하면서 피부의 건강을 위한 스킨케어 화장품이 대거 개발 · 생산되기 시작
- 자연스러운 메이크업이 등장하여 피부건강을 중시
  - ◦ 얼굴전체에 풍부한 색조를 부여하는 이미지로 변하면서 복고풍의 우아한 여성미를 과시
- **화장의 특징**
  - ◦ 자연스러운 아이라이너와 눈 메이크업
  - ◦ 눈썹은 정리하되 자연스러움을 잃지 않음
  - ◦ 아이홀을 강조하는 메이크업
  - ◦ 자연스러운 볼화장

(9) 1980년대

- 전 세계적으로 경제적인 고 성장과 자본주의화, 다원화 등 세계사적 변화가 일어났던 시기
- 향락주의, 개인주의 헬스 및 미용에 의한 자기관리
- 매트한 느낌의 컬러가 강세
- 화려하면서도 강한 이미지
- 화장의 특징
  - ◦ 80년대 초반
    - 눈썹은 두껍고 강하게
    - 입술은 선명한 붉은 색으로 표현
    - 눈과 입을 모두 강조
  - ◦ 80년대 중반
    - 복고풍이 영향으로 성숙한 여성의 이미지
    - 섹시하면서도 진한 메크업유행
  - ◦ 80년대 후반
    - 메이크업을 자신의 건강함과 자신의 개성을 표현하는 수단
    - 컬러보다는 피부표현의 질감에 대한 관심

(10) 1990년대

- 과거의 모든 복고적인 스타일 다양하게 시도
- 환경적인 문제가 대두되면서 자연그대로의 색감과 질감을 나타내는 스타일을 선호
- 어떤 특정한 스타일의 메이크업이 강조되기보다는 다양한 스타일이 공존
- 에콜로지와 복고풍의 영향으로 원색보다는 그린이나 브라운 같은 자연색이 인기
- 10대에서 20대 초반 연령대는 누드 메이크업이 유행
- 90년대 말에는 펄과 글리터를 이용한 사이버 메이크업이 등장
- 각자의 개성이 부각되면서 아방가르드식의 메이크업이 등장

(11) 2000년대

- 웰빙(Well-being)의 열풍으로 화학성분의 화장품보다는 식물성 화장품이 선호되고 컬러 메이크업보다는 피부건강에 더욱 치중
- 다양한 펄 제품의 등장으로 물이 주는 투명질감, 기름이 주는 윤기 질감, 분이 주는 광택 질감에 의한 메이크업표현기법들이 주로 사용

3. 한국미용의 역사

1) 고대의 미용

- 흰 피부 선호
- 쑥 – 피부를 건강하게 함과 동시에 미백효과
- 마늘 – 미백 효과 외에 잡티, 기미, 주근깨 등을 제거
- 미용재료를 음식으로 섭취해 아름다움을 유지
- 부족국가
  - 읍루와 말갈인 : 돼지기름(돈고, 豚膏)을 사용하여 피부를 부드럽게 하고 동상을 예방, 오줌으로 세수하여 미백효과
  - 낙랑 : 이마를 넓게, 눈썹은 굵고 진하게 표현
  - 마한과 변진 : 문신이 유행

2) 삼국시대

(1) 고구려

- 삼국 중 화장 문화의 유입이 가장 빠름
- 신분과 직업, 나이 및 의례를 구별하여 치장
- 연지제조 기술이 발달
- 화장에 대한 기록
  - 쌍영총의 귀부인도 : 뺨과 입술을 연지로 단장, 눈썹은 짧고, 눈 꼬리 부분에 오렌지색을 바름
  - 수산리 고분의 귀인상 : 이마와 뺨, 입술에 연지로 단장

(2) 백제

- 중국과의 교역을 통해 화장술이나 제조 술이 많이 영향을 받았을 것으로 추측
- 일본에 문화적으로 가장 많이 영향을 줌 – 화한삼재도회
- 화장의 경향

◦ 시분무주 : 분을 발랐으나 연지를 바르지 않음

◦ 옅고 은은한 화장을 함

(3) 신라

① 통일 전

- 아름다운 머리 모양과 장식품 발달
- 향 문화가 발달
- 화랑 – 영육일치사상에 입각하여 남성인 화랑들도 여성 못지않은 화장을 함.
- 신분의 귀천에 관계없이 여성들은 향낭을 차고 귓불을 뚫어 귀고리를 달고, 장도를 지님
- 불교의 전래 – 청결, 청정이 강조되고 목욕이 대중화되어 목욕용품의 발달
- 화장의 형태
  - ◦ 미묵 : 굴참나무, 너도밤나무 따위의 나뭇재를 유연하게 개어서 만들어 눈썹을 그리는데 사용
  - ◦ 백분과 연분의 발달
  - ◦ 붉은 염료의 홍화로 연지
  - ◦ 잇꽃으로 입술, 볼 화장

[신라 화랑도의 화장모습]

② 통일 후

- 화려한 치장에 어울리는 화려한 미용법이 개발
- 머리모양과 장신구에 걸 맞는 색조화장을 함
- 중국 여성들의 화장을 모방하여 짙고 화려해졌을 것으로 추측

- 화장의 형태
  - 화려하고 짙어진 색조화장
  - 붉은 색을 염색한 색분을 제조하여 사용

3) 고려

- 불교를 숭상했으며, 경제적으로나 문화적으로 진보
- 분대화장이 크게 발달한 시대
- 교방 – 기녀를 제도화시킴으로 해서 복식과 미용에 지대한 영향을 미침
- 여성화장이 이원화 됨
- 면약의 사용과 고려 말에는 모발염색이 행해짐

분대화장

얼굴을 창백하게 보인 만큼 흰 분 화장을 했으며, 눈썹은 가늘게 다듬어 그리고 입술을 붉게 연지를 바르고 볼은 복숭아 색을 띄게 하였으며, 머리는 윤기를 흐르도록 기름을 발랐다.

4) 조선시대

- 유교사상이 지배하면서 여성내면의 아름다움을 강조
- 눈 화장이 매우 발달해 아이새도우와 같은 눈의 새조화장이 성행
- 궁녀, 기생들의 직업여성을 중심으로 메이크업 테크닉이 발달 – 분대메이크업은 기생의 상징
- 여염집 여인 – 평상시에는 메이크업을 하지 않고 연회나 나들이 때만 메이크업을 하고 분대메이크업은 기피함
- 규합총서 – 화미십고라 하여 열 가지 눈썹형태에 대해 상세하게 묘사
- 메이크업제조기술이 발달 – 규합총서에 여러 가지 향 및 화장품제조방법이 수록
- 백분 : 분꽃을 심어 그 씨앗을 그늘에 말려 빻아서 만듬
- 연지 : 홍람화(잇꽃)을 직접 재배하여 꽃잎을 거두어 말려서 빻아 만듬
- 매분구 – 화장품의 생산, 판매가 산업화 할 조짐을 보일 정도로 다양하게 대량소비
- 보염서 – 궁중에 화장품 생산을 담당하는 관청
- 화장이 세분화 됨

5) 개화기-해방이전

- 대한제국시대
  - 화장품 제조 산업이 수공업적 자가 생산을 중심으로 이루어짐
  - 상업에 대한 경멸과 화장품 행상에 대한 천대 의식의 확대로 우리나라 화장품 산업은 위축
- 갑오경장 – 개화가 빠르게 진행됨으로써 여성들의 화장 문화에 변화
- 개화기 초
  - 일본과 중국청나라로부터 화장품 유입
  - 크림, 백분, 비누, 향수 등
  - 수입화장품 : 화장품 산업에 활력소가 됨
- 1922년 '박가분' 정식제조허가 받은 국산화장품 제조허가 1호
- 입술연지의 색깔이 진해지고 향수의 향과 비누의 향이 강해짐

6) 현대

① 1945년

- 화장품의 산업의 전환기
- 화장품 산업의 일시적인 축소

② 1950년

- 한국전쟁을 통한 화장품 산업의 위축
- 밀수화장품과 PX화장품이 국내시장에 범람
- 서양영화에 여배우들의 화장법이 유행

③ 1960년

- 화장품 생산의 본격화
- 영화산업의 호황 : 여배우들의 메이크업을 따라하는 것이 유행
- 우리나라 여성 피부 톤에 맞는 화장법으로 변화
- 파운데이션의 수요가 급증하며 기초화장을 중심으로 한 피부표현에 포인트

- 고형으로 바뀐 입술연지와 아이섀도우가 등장해 색채화장법이 시작

④ 1970년

- 블러셔의 사용으로 얼굴윤곽을 뚜렷하게 표현
- 눈매를 강조하기 위한 아이라이너, 속눈썹을 사용
- 눈썹을 섬세하고 가늘게 그림
- 다양한 색상의 섀도우 사용
- 동양인의 얼굴에 맞는 자연스러움을 강조

⑥ 1980년

- 칼라 TV시대를 맞게 되어 칼라에 대한 관심을 높이고 개성화 시킬 수 있는 계기를 마련
- 초반
  - 보이쉬(boyish)한 이미지의 화장법이 유행
  - 짙는 눈썹, 빨간 립스틱, 브라운계통의 아이섀도우로 이미지 연출
- 후반 : 여성스러운 스타일의 메이크업이 유행

⑦ 1990년

- 경제적 성장과 자유로운 외국문화의 유입으로 여성들의 메이크업이 개성화
- 토탈 패션의 개념이 일반화
- 메이크업경향 : 에꼴로지(ecology)경향과 포스트모던니즘(post modernism)의 영향으로 인한 복고의 경향이 대표적
- 자연스러운 피부표현과 자연친화적인 컬러의 아이섀도우가 이용

⑧ 2000년대

- 자신을 드러내는 아이템이 중요
- 내적 아름다움과 정신적 가치를 추구
- 웰빙 열풍으로 인해 식물성 화장품이 선호

Ⅲ. 퍼스널 컬러

1. 퍼스널컬러(personal color)란?

자신이 가지고 있는 신체 색과 조화를 이루어 생기가 돌고 활기차 보이도록 하는 개개인의 컬러

2. 컬러진단이란?

- 고유의 베이스 컬러와 각각 색이 가진 베이스컬러가 서로 같아 자연스럽고 조화로운 분위기를 연출하는 원리에 근거하여 피부색이나 얼굴형에 대한 관찰과 분석을 통해 개개인의 개성에 맞는 피부색과 조화를 이루는 색들을 찾아내는 작업
- 퍼스널 컬러에서 개인의 피부, 머리카락, 눈동자 등의 색과 이미지에 따라 어울리는 색채 계열을 찾아내는 방법

3. 퍼스널컬러진단의 필요성

① 자신에게 어울리는 색을 알아봄으로써 자신만의 이미지 연출로 결점을 보완

② 자신의 계절 컬러를 알아봄으로써 다양한 코디 연출을 통하여 자신감 있게 변화를 연출

③ 자신에게 어울리는 색의 옷을 착용하면 눈동자가 선명하게 보이므로 생기 있는 모습으로 연출

④ 자신에게 어울리는 컬러의 반사로 피부가 투명하고 깨끗해 보이며 기미나 잡티, 주름이 덜 보여 젊어 보이고, 피부 톤은 건강하고 생기 있게 보임

⑤ 자신에게 어울리는 색상과 계절 색을 알아봄으로써 이미지에 맞는 스타일과 컬러를 자유롭게 선택하여 컬러에 대한 고정관념에서 벗어나 자신의 개성을 살린 자유로운 패션 연출

⑥ 충동구매가 없어지고 합리적인 소비

⑦ 자신의 이미지 컬러를 알면 계절의 변화에 맞추어 자연스럽게 이미지를 연출하게 되어 늘 세련된 모습으로 연출

4. 퍼스널컬러 진단

1) 피부색

- 태어날 때부터 갖는 고유색
- 헤모글로빈에 의한 적색, 카로틴에 의한 황색, 멜라닌에 의한 갈색
- 멜라닌 색소가 피부색 결정에 주된 역할
- 피부색에 따른 계절 타입

피부색	웜톤	피부 톤은 전체적으로 균일하며 노란편	봄	옐로우 베이지 브라이트베이지
			여름	골드베이지 황갈색 계열의 브라운
	쿨톤	화장을 지우며 창백함	가을	로즈 베이지 브라이트 브라운
			겨울	블루톤이 가미된 베이지 밝은 다크 브라운

2) 모발 색

- 멜라닌 색소의 분포 및 양에 따라 결정되므로 인종에 따라 뚜렷한 차이
- 멜라닌 색소는 흑갈색, 갈색모발과 관련 있는 유멜라닌과 금발, 적황색과 빨간색 모발에 관련되는 페오멜라닌으로 나뉨

- 멜라닌의 유형과 과립의 크기에 따라 흑색, 적색, 금발 등의 다양한 모발색상이 결정

모발색	웜톤	빛을 받으면 오렌지 빛을 띠며 풍성해 보임	봄	밝은 브라운
			여름	다크 브라운
	쿨톤	빛을 받으면 밝은 부분이 잿빛으로 보임	가을	다크 로즈 브라운 밝고 부드러운 브라운
			겨울	블랙 어둡고 딱딱한 브라운

3) 눈동자 색

- 눈의 구조 중에서 인종마다 차이가 나는 부분은 멜라닌 색소를 함유하고 있는 홍채 부분
- 홍채 색소의 양과 홍채 내에서 색소의 위치, 혈관, 광학적 영향 등에 의해 다양한 색을 나타냄

눈동자 색	웜톤	흰자위가 아이보리색	봄	밝은 브라운, 투명하고 어두운 브라운, 토파즈 크림, 밝은 밤색
			여름	그린, 어두운 브라운, 짙은 밤색
	쿨톤	흰자위가 푸른 기가 돔	가을	소프트 브라운, 다크 브라운, 블랙
			겨울	그을린 밤색, 블랙

4) 퍼스널 유형별 특징

① 봄형

- 피부색은 노르스름한 톤을 기본으로 하며, 피부 표면이 매끄럽고 투명하며 얇기 때문에 얼굴에 잡티가 생기기 쉬움
- 눈동자는 노란 빛이 감도는 밝은 갈색으로 생동감 있는 느낌
- 머리카락은 노란 빛이 감도는 갈색으로 윤기가 나고 부드러움

피부색	
	밝고 노르스름한 빛을 띠는 피부
	노르스름한 피부에 베이지 빛이 감도는 피부
	노르스름한 피부에 붉은 빛이 감도는 피부
	노르스름한 피부에 약간 갈색 빛이 감도는 피부

머리카락 색	
	노란 빛이 감도는 연한 갈색
	노란 빛이 감도는 짙은 다갈색

눈동자 색	
	노란 빛이 감도는 연한 갈색
	노란 빛이 감도는 짙은 갈색

② 여름형

- 피부색은 희고 푸른빛을 지닌 차갑고 부드러운 톤으로 복숭아 빛이나 핑크 빛이 살짝 감돌며 햇볕에 잘 타지 않고 붉어지는 특징
- 눈동자는 부드러운 갈색으로 여성스럽고 부드러운 느낌
- 머리카락은 윤기가 나지 않는 건조한 타입으로 가늘고 회색기미를 지닌 갈색 계열

피부색	
	노르스름한 피부에 흰 빛이 감도는 피부
	약간의 붉은 피부에 흰 빛이 감도는 피부
	살구 빛 갈색 피부에 흰 빛이 감도는 피부
	검은 갈색에 흰 빛이 감도는 피부

머리카락 색	
	회색 빛이 감도는 짙은 갈색
	회색 빛이 감도는 회 갈색
눈동자 색	
	푸른 빛이 감도는 연한 갈색
	푸른 빛이 감도는 짙은 갈색

③ 가을형

- 피부색은 노르스름하며 윤기가 없고 얼굴의 혈색이 없는 편이며, 햇볕에 잘 타는 편이어서 쉽게 얼굴색이 갈색으로 변하는 것이 특징
- 눈동자는 짙은 황갈색 계열로 그윽하고 포근한 느낌
- 머리카락은 윤기가 없는 짙은 갈색

피부색	
	노르스름한 피부에 갈색 빛이 감도는 피부
	다갈색 피부에 붉은 빛이 감도는 피부
	갈색 피부에 황색 빛이 감도는 피부
	검은 갈색 피부에 노르스름한 빛이 감도는 피부

머리카락 색	
	황색 빛이 감도는 짙은 갈색
	황색 빛이 감도는 황 갈색
눈동자 색	
	황갈색 빛이 감도는 갈색
	짙은갈색 눈동자

④ 겨울형

- 피부색은 푸른 빛을 지니고 있어 차갑고 창백해 보이고, 피부가 얇고 투명
- 눈동자 색은 짙은 회갈색이나 검은 색으로 세련된 느낌
- 머리카락 색상은 푸른빛이 들어간 짙은 갈색이나 검은색

피부색	
	희고 밝은 피부에 푸른 빛이 감도는 피부
	노르스름한 피부에 푸른 빛이 감도는 피부
	약간의 붉은 피부에 푸른 빛이 감도는 피부
	검은 갈색 피부에 푸른 빛이 감도는 피부

머리카락 색	
	푸른 빛이 감도는 갈색
	푸른 빛이 감도는 검정색

눈동자 색	
	푸른 빛이 감도는 갈색
	푸른 빛이 감도는 검정색

5. 사계절 컬러 이미지 메이크업

1) 봄 (Spring)

- 노란 빛을 기본 바탕색
- 선명한 레드, 블루, 그린, 오렌지, 바이올렛
- 원색이 주를 이루어 밝고 화사하며 생동감 있고 선명함
- 사랑스럽고 귀여운 이미지
- 메이크업 패턴
  - ◦ 밝고 화사한 톤으로 표현
  - ◦ 투명감 있고 화사한 로맨틱한 스타일
  - ◦ 가벼운 느낌으로 피부를 표현
  - ◦ 중간색과 밝은 색을 활용

① 어울리는 색상

- 밝고 선명하며 화사한 색상
- 노란색이 가미된 선명한 원색
- 중간색의 베이지, 핑크, 피치, 오렌지, 옐로우. 옐로우 그린, 블루그린 등

② 피해야 할 색상

- 흰 빛과 푸른 빛을 지닌 차가운 톤
- 블랙, 화이트, 그레이, 네이비블루, 블루 그레이, 실버, 와인색 등

③ 파운데이션

- 밝은 톤으로 밝고 화사한 느낌으로 섬세하고 투명감 있게 표현
- 라이트 베이지, 내추럴 베이지, 피치 베이지, 옐로우 베이지 계열로 표현

④ 파우더

- 라이트 피치 베이지, 피치 베이지, 내추럴 베이지, 핑크 베이지 파우더로 가볍게 표현

⑤ 아이섀도우

- 밝고 화사한 톤
- 핑치 핑크, 핑크베이지, 오렌지, 옐로우그린 계열

⑥ 볼터치

- 핑크 베이지, 오렌지, 레드오렌지, 코랄 핑크 계열

⑦ 립스틱

- 밝은 색이나 중간색을 주로 사용
- 립글로스나 펄을 가미하여 촉촉하게 표현
- 핑크, 오렌지, 피치, 코랄 핑크, 레드계열

2) 여름 (Summer)

- 흰 빛과 푸른빛을 기본 바탕색으로 지닌 모든 계열
- 차가운 느낌이 드는 색과 핑크 계열의 파스텔 톤
- 사계절 컬러 중 부드럽고 채도가 낮은 톤이 가장 많음
- 부드럽고 서늘하고 낭만적, 여성스러운 이미지
- 명도가 높고 채도 낮은 화이트 베이지, 아이보리, 화이트 핑크, 피치, 아쿠아 블루, 블루그린, 라이트그레이, 라벤다, 아쿠아 그린 계열
- 메이크업 패턴
  - 강하지 않은 색상의 파스텔 톤으로 투명감 있고 화사하며 부드럽게 표현
  - 밝은 계열의 깨끗한 이미지로 연출
  - 아이섀도우는 밝고 소프트한 컬러
  - 입술색은 자연스럽게 표현

① 어울리는 색상

- 흰 빛을 많이 띤 색상
- 부드럽고 차가운 느낌의 파스텔 계열
- 크림 베이지, 페일 라일락, 블루 그린, 아쿠아 블루 등
- 포인트 색상으로 퍼플, 블루, 그레이 색상

② 피해야 할 색상

- 비비드 톤, 번쩍임이 있는 색
- 따뜻한 계열의 골드, 레드, 오렌지, 올리브그린, 옐로우 등

③ 파운데이션

- 밝고 자연스럽게 표현
- 화이트 베이지, 내추럴 베이지, 피치 베이지, 핑크 베이지 계열 톤

④ 파우더

- 라이트 블루, 내추럴 베이지, 피치 베이지, 라이크 핑크 파우더를 활용하여 자연스럽게 표현

⑤ 아이섀도우

- 블루, 아쿠아 블루, 핑크, 아쿠아 그린, 화이트, 바이올렛, 파스텔 톤의 베이지 등으로 화사한 느낌의 중간 톤을 주로 사용

⑥ 블러셔

- 로즈 핑크, 화이트 핑크, 내추럴 브라운, 코랄핑크 계열로 자연스럽게 혈색을 표현

⑦ 립스틱

- 중간색 계열의 핑크, 베이지 브라운, 누드 핑크 베이지, 로즈 베이지 등으로 자연스럽고 연하게 표현
- 부드럽고 여성스럽게 표현

3) 가을 (Autumn)

- 황색과 노란 빛을 기본 바탕으로 지닌 색
- 차분하고 가라앉은 색
- 부드럽고 고전적이며 여성스러움
- 명도와 채도가 낮은 톤으로 골드, 옐로, 코랄 핑크, 피치, 오렌지, 올리브 그린, 카키, 브라운, 옐로 베이지 등 가을 색
- 메이크업 패턴
  - ◦ 차분하면서 자연스럽고 부드러운 이미지
  - ◦ 짙은 계열로 깊이감 있게 표현
  - ◦ 포인트 색상을 주어 전체적으로 우아하며 고전적인 분위기로 연출

① 어울리는 색상

- 따뜻한 톤에 황색을 지닌 색
- 자연스럽고 차분한 계열의 오렌지, 베이지, 머스터드, 카키, 골드, 코랄 핑크, 올리브 그린 등

② 피해야 할 색상

- 차가운 계열의 밝고 선명한 색
  - ◦ 블랙, 화이트, 실버, 그레이 블루, 그레이, 버건디, 마젠타, 블루 퍼플, 블루 그린 등

③ 파운데이션

- 두께감 있게 피부톤을 고르게 표현
- 차분한 내추럴 베이지, 옐로우 베이지, 골든 베이지, 코랄

베이지 계열로 자연스럽게 표현

④ 파우더

- 내추럴 베이지, 코랄 핑크, 오렌지 계열 파우더를 사용하여 가볍게 표현

⑤ 아이섀도우

- 중간 톤과 어두운 톤을 주로 사용
- 오렌지, 그린, 브라운을 주조색
- 아이보리, 코랄 베이지, 옐로우 그린, 핑크 베이지, 레드 핑크, 피치, 머스터드, 퍼플 계열 등

⑥ 볼터치

- 코랄, 오렌지, 브라운, 피치 베이지 계열로 자연스럽게 표현

⑦ 립스틱

- 중간색이나 짙은 색으로 뚜렷한 입매로 표현
- 레드 오렌지, 코랄 핑크, 딥 레드 등 브라운 색상이 가미된 색

4) 겨울 (Winter)

- 푸른 빛과 검은 빛을 지닌 색
- 선명하고 어두운 계열의 색상이 많아 심플함
- 차갑고 강렬하며 이지적 이미지
- 명도와 채도의 대비한 강한 톤
- 화이트, 블랙, 블루, 블루퍼플, 버건디, 블루 글린, 퍼플, 마젠다 등
- 메이크업 패턴
  - 단아하며 심플한 이미지로 원포인트 메이크업
  - 콘트라스트가 강한 색상으로 뚜렷한 이미지로 표현
  - 밝고 어두움으로 깊이감 있는 눈매를 강조하는 것이 효과적

① 어울리는 색상

- 푸른빛을 지닌 차가운 색
- 강열하면서 대조적인 색
- 블루, 블루퍼블, 핑크, 블루 그린, 마젠다, 버건디, 화이트 블랙, 실버, 그레이, 와인, 블루가미 그레이 등

② 피해야 할 색상

- 따뜻한 색으로 원색이나 불투명한 파스텔 톤
- 탁하고 희미한 색
- 옐로우, 피치, 오렌지, 그린, 머스터드, 카키, 브라운, 코랄핑크, 올리브 그린 계열

③ 파운데이션

- 피부는 자연스럽게 표현
- 화이트 베이지, 피치 베이지, 핑크 베이지, 로즈 베이지 계열로 약간 두께감 있게 표현

④ 파우더

- 페일 바이올렛, 화이트 피치, 화이트 핑크, 투명 파우더 계열로 투명감 있고 섬세하게 표현

⑤ 아이섀도우

- 화이트, 화이트 핑크, 그레이 블루, 마젠다, 퍼플 블루, 버건디, 네이비, 실버, 그레이 등 대비가 강한 톤을 사용

⑥ 블러셔

- 핑크 베이지, 핑크, 로즈 핑크, 화이트 핑크 계열로 자연스럽게 표현

⑦ 립스틱

- 버건디, 레드, 레드 브라운, 누드 베이지 계열로 입술을 강조하는 것이 효과적

Ⅳ. 기초메이크업

1. 베이스 메이크업 (Base Make -up)

◈ 베이스 메이크업이란?

- 피부표현단계를 의미
- 전체 메이크업에서 가장 중요한 부분으로 70~80% 차지

1) 메이크업 베이스 (Make-up Base) ⇒ (Base Control)

(1) 기능

- 피부색을 조절하여 피부의 결점보완
- 파운데이션의 밀착력과 지속력을 높여줌
- 피부에 인공 막을 형성 – 수분증발 방지
- 자외선으로부터 피부보호
- 파운데이션 착색을 방지

(2) 종류

① 리퀴드 타입(Liquid Type)

- 수분을 많이 함유하고 있는 제품
- 중성이나 지성피부에 적합
- 피부를 촉촉하게 표현

② **크림 타입**(Cream Type)

- 리퀴드 타입보다 커버력이 강함
- 기미나 주근깨 등 잡티가 많은 피부에 적당
- 건성피부에 적합

③ **쉬머 메이크업베이스**(Shimmery Makeup Base)

- 펄 감이 함유된 메이크업베이스
- 글로시한 피부표현 시 사용
- 피부의 결을 균일하고 건강하게 표현
- 조명의 각도에 따라 입체감 강조
- 결점 커버

[메이크업베이스 색상에 따른 효과]

색 상	효 과
흰색(White)	◆ 피부를 투명하고 밝게 표현 ◆ 주름진 피부의 명암을 밝게 할 때 사용
파랑(Blue)	◆ 기미, 주근깨 등 잡티가 많은 피부에 적합
갈색(Bronz)	◆ 햇볕에 탄 효과를 주고자 할 때 적합
노랑(Yellow)	◆ 검거나 붉은 피부에 적합
분홍(Pink)	◆ 창백한 피부에 혈색부여 ◆ 백인들의 피부에 적합
주황(Orange)	◆ 햇볕에 그을린 듯한 피부표현 ◆ 흑인들의 피부에 적합
보라(Purple)	◆ 노르스름한 피부를 중화시켜 혈색을 밝게 표현 ◆ 동양인의 피부에 적합
그린(Green)	◆ 기미, 주근깨 등 잡티가 많은 피부에 적합 ◆ 붉은 피부에 적합

(3)메이크업 베이스 바르는 법

- 소량을 양볼, 코, 턱, 이마 등에 찍어 골고루 잘 펴서 두드리듯 발라준다.
- 눈 꼬리는 건조하여 쉽게 잔주름이 생기기 쉬운 부분이므로 세심하게 바른다.
- 양손으로 가볍게 만져보아 미끌거리면 티슈로 살짝 눌러 유분을 제거한다.

(4) 메이크업 베이스를 바를 때 주의사항

- 메이크업 베이스의 양이 많으면 그 양으로 인해 피부표현이 밀린다든가 들 뜰 수 있으므로 소량을 두드리듯이 발라주는 것이 좋다.

2) 프라이머 (Primer)

(1) 기능

- 실크와 같은 매끄럽고 부드러운 피부 결 형성
- 피부의 모공과 주름 등을 깔끔하게 메꿔 주어 매끄러운 피부 결로 정리
- 과다한 피지의 분비를 막아 피부 결을 정리

(2) 종류

종류	기능
젤타입	수분감이 많아 건성피부에 적합
로션타입	자외선차단기능이 있고 모든 피부에 적합
실리콘 타입	모공을 막는 기능이 탁월해 땀이나 피지분비가 많은 지성피부에 적합
아이프라이머	눈가전용 프라이머 눈 주위의 잔주름과 화장이 번지 것을 막아주는데 적합

3) 파운데이션 (Foundation)

(1) 기능

- 피부결과 피부색을 조절
- 피부의 결점을 커버
- 얼굴의 골격이나 윤곽을 수정하여 입체감을 부여
- 외부자극으로부터 피부보호
- 색조화장을 돋보이게 하는 역할

(2) 종류

① 리퀴드 파운데이션(Liquid Foundation)

- 수분함량이 많아 사용감이 촉촉하다.
- 투명하고 자연스러운 피부표현에 적합
- 지성피부에 적합

- 봄, 여름에 사용하기 적합
- 단점 – 커버력이 약하다.

② **크림 파운데이션**(Cream Foundation)

- 적당한 유분 함유
- 커버력이 있어 잡티가 있는 피부에 적합
- 사용감이 부드러워 건성피부에 적당
- 가을, 겨울에 사용하기 적합

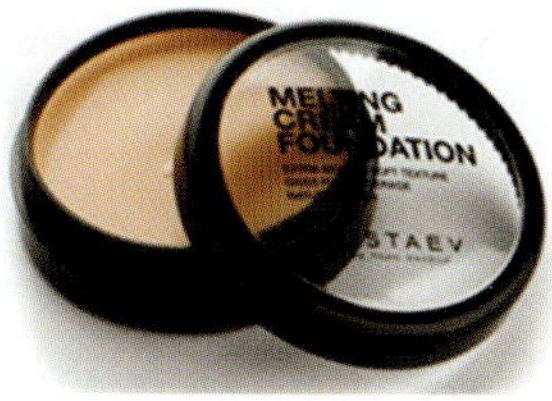

③ **스틱 파운데이션**(Stick Foundation)

- 커버력이 강하고 지속력이 우수
- 전문가용으로 사용
- 유 · 수분을 혼합시켜 고체화한 제품
- 단점 – 두터운 느낌을 준다.

④ **팬 케이크**(Pan Cake)

- 물 또는 유연화장수와 같이 사용
- 방수성과 내수성이 우수
- 지속력이 뛰어나 장시간 조명 받는 스테이지 메이크업에 적당
- 여름철에 주로 사용
- 단점 – 색의 혼합이 쉽지 않다.

(3) 파운데이션의 기본 3가지 색상

① **베이스 컬러**(Base Color)

- 모델의 피부색과 유사한색

② **하이라이트 컬러**(Highlight Color)

- 베이스 컬러보다 1~3단계 밝은 색
- 돌출되어 보이고 싶은 부위(T-존, 눈 밑, 콧등, 턱 중앙)

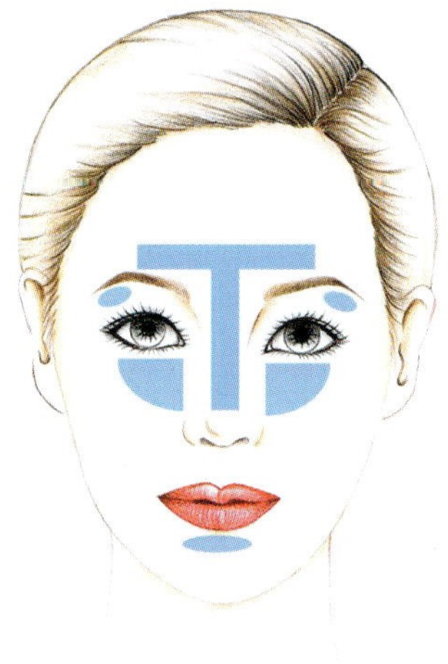

[Highlight Color]

③ **섀도우 컬러**(Shadow Color)

- 베이스 컬러보다 1~3단계 어두운색
- 수축시켜 보이고 싶은 부위에 사용(턱, 광대뼈, 헤어라인 등)

[Shadow Color]

(4) 파운데이션의 사용

① 파운데이션 바르는 방법

- 얼굴의 넓은 부위부터 시작
- 피부 결을 따라 안쪽에서 바깥쪽으로 세심하게 펴 바른다.

a. 양볼 – 피부 결을 따라 안쪽에서 바깥쪽으로 가볍게 세심하게 펴 바른다.

b. 턱 – 아래에서 위로 눌러 주듯이 바른다.

c. 코 망울 – 스폰지의 좁은 부분 또는 브러쉬나 손가락을 이용하여 엷게 펴 바른다.

d. 눈꺼풀 – 자극을 주지 않고 손가락을 이용하여 엷게 펴 바른다.

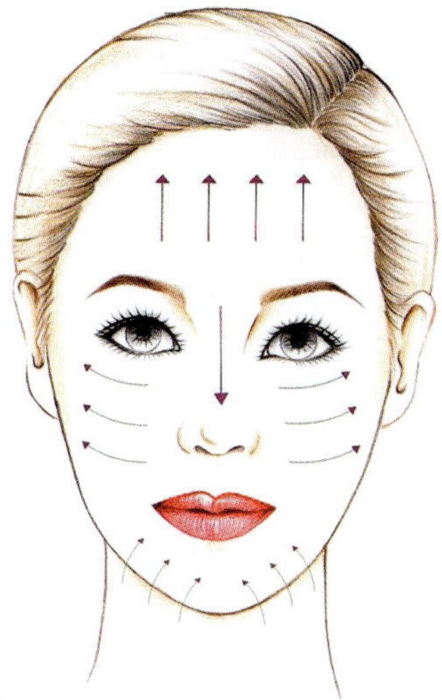

[파운데이션 바르는 테크닉]

e. 헤어라인, 턱 주변 – 경계가 생기지 않게 정리

f. 밀착감 높이기

◦ 파운데이션을 잘 밀착시키기 위해 골고루 두드려 준다.

◦ 움직임이 심한 부위(눈가, 웃음선)는 파운데이션 양을 적게 바른다.

g. 유분제거 – 티슈를 살짝 눌러준다.

② 사용하는 도구에 따른 방법

a. 손가락을 사용하는 경우

◦ 가볍게 두드리거나 밀어 바를 수 있다.

◦ 힘의 강약에 의해 다양한 연출을 할 수 있다.

◦ 리퀴드 파운데이션 도포 시 사용

b. 스폰지를 이용하는 경우

◦ 스피드하게 바를 수 있다.

◦ 소프트한 느낌을 들어 자연스런 색상표현이 가능

◦ 크림이나 고형타입 파운데이션 도포에 사용

c. 브러쉬

◦ 소량의 파운데이션 도포 가능

◦ 고르게 얇게 펴 바를 수 있다.

◦ 자연스런 피부표현에 적합

*** 테크닉**

- 두드리는 동작 : 밀착력과 지속력이 좋다(잡티를 감추고자 할 때)
- 밀어 바르는 동작 : 화장을 엷게 할 때(솜털이 많을 때는 밀어 바르면 안 됨)
- 누르듯이 바르는 동작 : 얼굴이나 눈가에는 누르듯이 바를 것

③ 파운데이션의 선택방법

- 피부 톤과 맞게 질감과 색상을 선택
- 메이크업의 목적과 이미지에 맞게 선택

▣ 피부 색상에 따른 파운데이션 선택방법

피부타입	파운데이션 색상
투명하고 흰 피부타입	밝은 베이지 - 본래의 피부색을 최대한 맑게 표현
혈색 없는 노란 피부타입	붉은 기가 약간 가미된 핑크베이지로 화사하게 표현
희고 붉은 피부타입	내추럴 베이지 컬러로 자연스럽게 표현
중간 톤의 베이지 피부타입	차분한 베이지 컬러로 깨끗하고 자연스럽게 표현
태닝 한 듯 까무잡잡한 피부타입	짙은 베이지 - 건강미를 살리는 쪽으로 피부 표현

▣ 피부타입에 따른 파운데이션 선택방법

피 부 타 입	사 용 제 품
지성피부	◆ 케익 타입이나 오일컨트롤 제품 타입
잡티가 많은 지성피부	◆ 커버스틱으로 부분을 커버 ◆ 전체피부는 매트한 크림타입
각질이 많은 지성피부	◆ 리퀴드 파운데이션 타입
모공이 눈에 띄는 지성피부	◆ 소프트한 타입의 파운데이션 ◆ 또는 크림과 리퀴드의 중간 젤 타입
중성피부	◆ 겨울에는 크림타입 ◆ 땀이 많이 나는 여름에는 오일프리 타입
건성피부	◆ 모이스춰라이징, 리퀴드나 유분함량이 높은 크림타입
기미가 많은 피부	◆ 커버력이 강한 크림타입 ◆ 기미 색과 피부색의 중간타입
여드름피부	◆ 케익타입 ◆ 유사 색을 사용하되 다소 어두운색이 좋다.
붉은 피부	◆ 크림타입 ◆ 약간 어두운 색상 선택

④ 얼굴 부위별 테크닉

- S – Zone
  - 볼 부분
  - 움직임이 적어 화장이 오래 유지
  - 두껍게 발라져도 무방
- T – Zone
  - 얼굴에서 가장 튀어 나온 부위

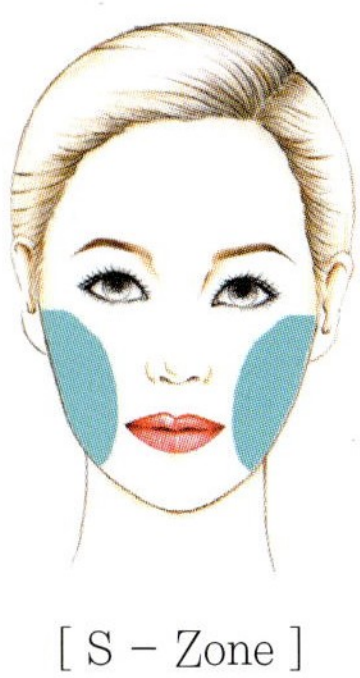

[S – Zone]

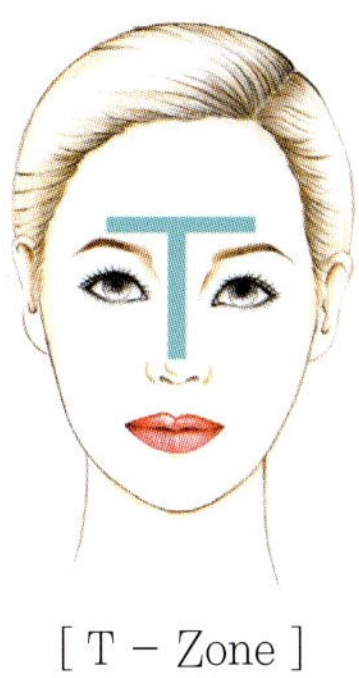

[T – Zone]

◦ 하이라이트를 표현하는 부분

- O – Zone
  ◦ 피부가 얇고 피하지방이 없어 주름이 생기기 쉬운 부분
  ◦ 움직임이 많아 얇게 펴 바른다
- Y – Zone
  ◦ 눈 밑 부분
  ◦ 기미나 주근깨가 많은 부분
  ◦ 커버력을 요함
- Hair Line, Face Line Zone
  ◦ 두피부분, 턱 선 부분
  ◦ 경계가 지지 않게 그라데이션

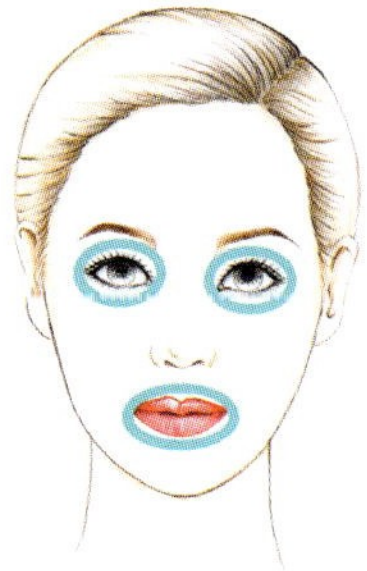

[O – Zone]

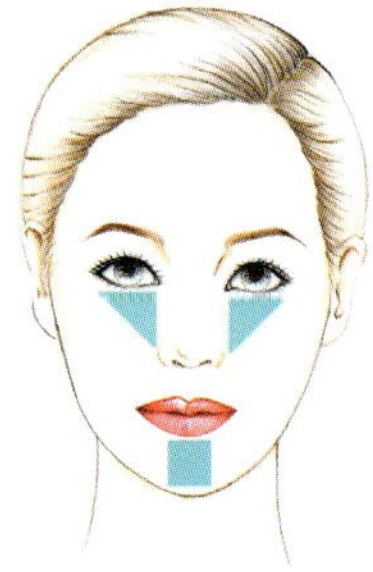

[Y – Zone]

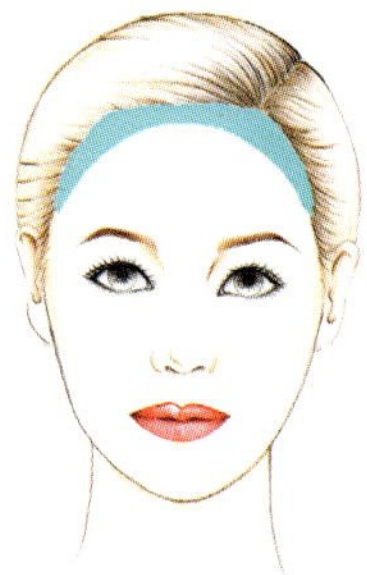

[Hair Line]

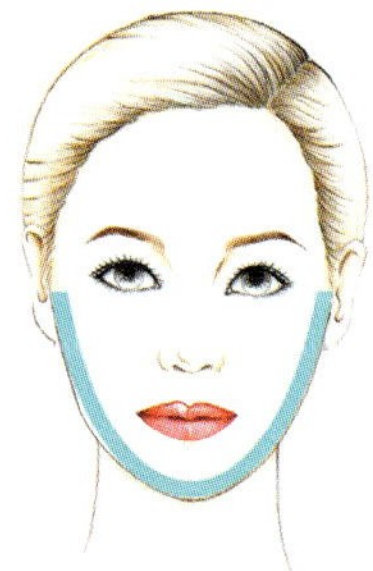

[Face Line]

⑤ 파운데이션 바르는 기법

종 류	기 법
선긋기 (Lining)	낮은 콧대의 수정을 위해 섀딩 컬러로 코의 측면에 반듯한 선을 긋는 기법
페더링기법 (Feathering)	그려진 선을 브러시로 가볍게 털어서 베이스 색과 자연스럽게 혼합하여 펴주는 기법
패딩 (Patting)	손가락 끝으로 가볍게 두드리는 기법 양 볼이나 얼굴의 넓은 면에 효과적 밀찰 력을 높임 기미나 주근깨 등의 잡티가 많은 부분에 효과적
슬라이딩 (Sliding)	문지르듯 펴 바르는 기법 얼굴의 좁은 면이나 굴곡진 부분에 섬세하게 펴 바를 수 있다.
블랜딩기법 (Blending)	여러 가지 파운데이션 색을 사용하였을 때 서로 경계가 생기지 않도록 혼합하듯이 연결시키는 기법

⑥ 파운데이션 바를 때 주의사항

- T존 부위에 많은 양을 바르면 무거워 보이며 칙칙하므로 얇게 바르는 게 요령
- 볼 부분의 기미, 주근깨, 잡티가 많은 부위는 적당히 커버할 정도로 양을 조절하여 바른다.
- 헤어라인은 스폰지에 남은 여분으로 머리카락 안쪽으로 자연스럽게 펴 준 후 머리카락에 잔액을 화장수건이나 티슈로 닦아준다.

4) 컨실러 (Concealer)

(1) 기능

- 눈 밑 다크 써클, 여드름자국, 기미, 주근깨 등 부분 결점 커버
- 전체 피부표현이 무거워 지지 않게 하기 위해 사용
- 립 라인 등의 부분 수정 시 사용

(2) 종류

① 리퀴드 타입(Ligquid Type)

- 하이라이트 대용으로 사용
- 커버력이 떨어진다.

② 크림 타입(Cream Type)

- 퍼짐성이 좋고 그라데이션이 용이
- 넓은 부분에 사용

③ **스틱 타입**(Stick Type)

- 커버력이 우수
- 좁은 부위에 사용

④ **펜슬 타입**(Pencil Type)

- 결점부위가 작을 때 사용
- 커버력은 우수하나 그라데이션이 어렵다.
- 사용하기 편리

(3) 컨실러 사용테크닉

- 컨실러의 색상, 질감을 선택하여 잡티가 있는 부위에 알맞게 사용
- 피부색과 그라데이션이 잘되도록 한다.

① **다크 써클**(Dark Circle)**용 컨실러**

- 피부 톤보다 1~2톤 밝은 컬러 사용
- 크림타입 사용
- 노란색이 함유되어 있는 컨실러 사용
- 브러시 사용이 가장 용이

② **결점 커버 컨실러**

- 피부 톤과 같은 컬러를 사용

5) 파우더 (Powder)

(1) 기능

- 파운데이션의 유분기 제거
- 메이크업의 지속성 유지
- 피부를 보호

(2) 종류

① **루즈 파우더**(Lose Power)

- 분말 형 파우더
- 투명한 피부로 표현 할 때 사용
- 입자가 섬세하여 곱고 얇게 발라짐
- 땀이나 물에도 얼룩지지가 않는다.
- 단점 : 가루가 날린다.

[루즈 파우더의 종류]

투명파우더	• 분말 형태로 밀착력이 좋다. • 피부를 자연스럽게 마무리 • 내추럴 한 피부 톤 유지 • 파운데이션 색상을 그대로 유지
컬러파우더	• 피부 톤과 메이크업의 목적에 알맞은 적절한 컬러를 선택
펄 파우더	• 펄이 함유된 파우더 • 화사하고 여성스럽게 피부를 연출

② 프레스드 파우더(Pressed Power) = 콤팩트 파우더

- 압축 형 파우더
- 루우즈 파우더와 방부제, 살균제와 산화 방지세 등을 배합하여 고체 형으로 압축시킨 제품
- 휴대하기 간편
- 피지 흡수력이 우수
- 커버력은 좋으나 매트 함과 무게감을 느낄 수 있다.
- 자연스런 피부 표현이 어렵다.

③ 피니시 파우더(Finish Power)

- 펄이 함유
- 메이크업의 마무리용으로 사용
- 화사하고 화려한 이미지 연출
- 하이라이트용으로 사용

(3) 파우더 색상별 용도

종 류	특 징
투명(Transparent)	색을 함유하고 있지 않음 파운데이션 색상이 그대로 표현
흰색(White)	피부를 투명하게 연출 T존, 눈 밑에 발라주면 밝아 보인다.
초록(Green)	얼굴의 붉은 기 커버
분홍(Pink)	창백한 피부에 혈색 부여 화사한 느낌
주황(Orange)	신선하고 건강한 혈색 연출
갈색(Brown)	얼굴의 각진 부분이나 결점 커버
보라(Purple)	화려한 이미지 연출
노랑(Yellow)	검은색의 피부를 중화
무지개 빛	피부색을 화사하게 표현
브론즈(Bronz)	여름철 썬탠 한 듯 한 피부표현연출에 효과적

(4) 파우더 바르는 방법

① 퍼프 사용 시

- 한 개의 퍼프에 파우더를 덜어 다른 한 개로 맞대어 비벼서 파우더의 양을 조절
- 피지가 많은 부분을 중심으로 얼굴의 넓은 부분부터 시작해 중심부에서 바깥쪽으로 가볍게 누르며 발라준다.
- 퍼프를 반으로 접어 눈 밑, 코밑 등 퍼프가 잘 닿지 않는 곳까지 꼼꼼히 바른다.

- 남은 여분을 팬 브러시를 이용하여 제거함으로써 얼굴 전체에 고르게 발리도록 한다.

② 브러쉬 사용 시

- 파우더를 덜어내어 티슈에 놓고 양을 조절
- 얼굴의 넓은 부위부터 시작하여 중심에서 바깥쪽으로 둥 굴리며 바른다.
- 자연스런 표현을 할 수 있다.

(5) 파우더 바를 때 주의사항

- 파우더를 덧바를 경우 피부가 건조하기 쉬우므로 미네랄워터 스프레이를 얼굴에 자주 뿌려주어 건조함을 방지한다.
- 파우더, 퍼프의 손동작을 문지르지 말고 가볍게 두드리듯 발라주어야 피부가 들뜨지 않는다.
- 수정 메이크업 할 때 얼굴에 티슈로 유분기를 제거 한 후 덧발라야 뽀송뽀송하고 섬세한 화장을 할 수 있다.
- 피지분비량이 왕성한 T존 부위는 소량을 발라주어야 한다.

(6) 파우더의 필요한 특성

- 피복성
- 신전성
- 흡수성
- 부착성
- 착색성

(7) 파우더 선택 시 유의사항

- 파우더는 입자가 고와야 한다.
- 건성피부의 경우 피지를 흡수하는 파우더는 건조를 촉진시키므로 주의
- 제품이 다양하므로 피부 타입에 따라 확인하여 사용
- 지성피부의 경우 유분기가 많은 파우더를 쓰면 화장이 쉽게 지워지고 번진다.

[파운데이션과 파우더 조화]

파운데이션	파우더	효과 · 사용
밝은 색	핑크	피부에 생기가 있어 보임
	베이지	투명 메이크업에 많이 사용 자연스럽고 부드러운 효과
중간 색	그린	노란기가 도는 피부 톤을 밝고 화사하게 정리
	베이지	본래의 피부 톤보다 약간 어둡게 표현
	퍼플	마무리 단계에서도 여전히 피부 톤이 칙칙해 보일 때 사용
짙은 색	다크 베이지	썬탠 한 피부나 섹시한 건강미가 있는 피부표현 까무잡잡한 피부를 강조할 때 사용
	오렌지	썬탠 피부표현

6) 얼굴형에 따른 베이스메이크업

(1) 둥근형

얼굴의 길이는 짧고 광대뼈 부위가 넓어 얼굴윤곽은 둥글고 아마가 좁다. 그래서 통통한 얼굴을 갸름하게 보이도록 하기 위해서 양 볼의 뒷부분에 섀딩효과를 이마, 턱 그리고 콧등을 약간 세로형태로 길게 하이라이트 효과를 준다.

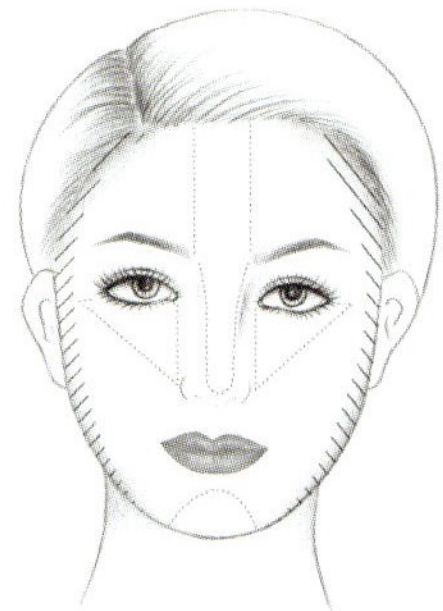

(2) 긴형

얼굴의 폭에 비해 길이가 길어 보이는 얼굴형으로서 하이라이트를 가로의 느낌으로 발라 볼이 통통해 보이게 해주고, 헤어라인 부분과 턱 끝 선에 어두운 섀딩효과를 주어 긴 얼굴을 커버해주는 효과를 준다.

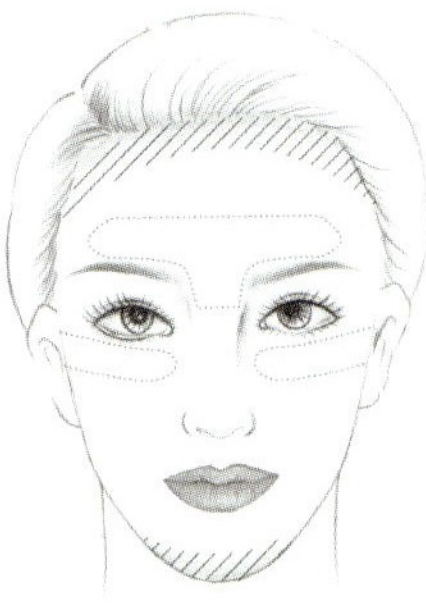

(3) 사각형

각이 진 턱 선과 이마 양 옆에 섀딩 효과를 주어 얼굴의 길이에 비해 넓어 보이는 얼굴 폭을 감소시키는 효과를 준다. T존부위에 세로의 하이라이트의 효과를 준다.

(4) 역삼각형

이마의 넓이보다 턱 부분이 좁기 때문에 양쪽 아랫부분에 하이라이트의 효과를 주어 통통해 보이는 효과를 준다.

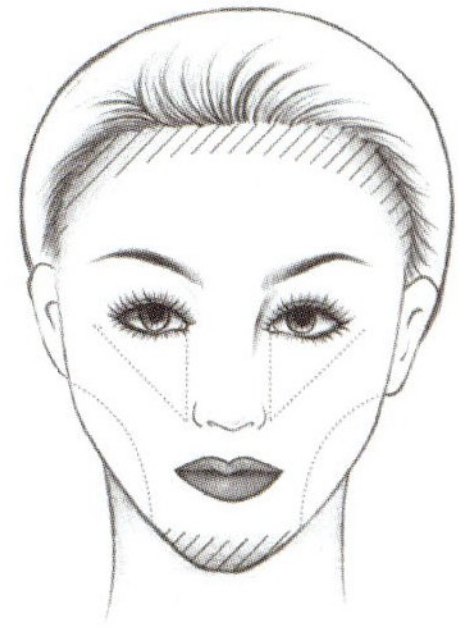

(5) 삼각형

이마넓이보다 양 볼이 아주 넓어 양끝에는 하이라이트의 효과를 주어 넓어보이도록 하고 양볼 부분은 섀딩을 주어 좁아 보이는 효과를 준다.

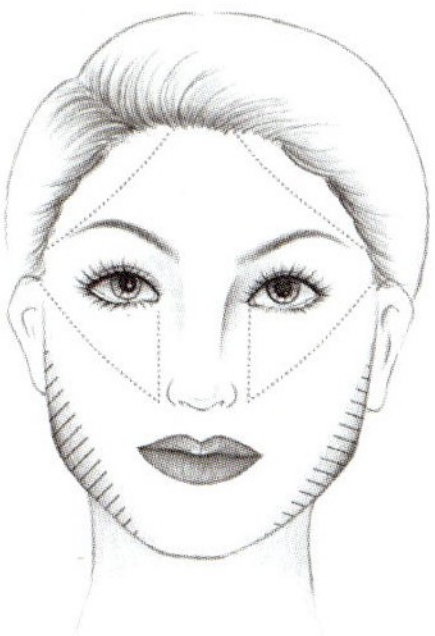

(6) 마름모형

광대뼈 넓고 각진 형이므로 중간부분을 강조하는 것은 피하고 넓게 하이라이트를 주고 볼 뼈를 중심으로 넓게 각진 부분을 섀딩으로 부드럽게 만든다.

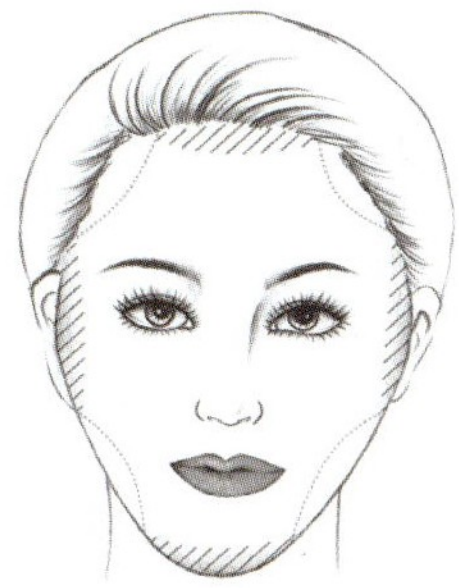

2. 아이브로우 (Eye Brow)

(1) 목적

- 얼굴 전체의 이미지 변화
- 얼굴형이나 눈의 형태를 보완
- 얼굴의 균형을 잡아준다.

(2) 종류

① 펜슬 타입(Pencil Type)

- 일반 펜슬
  - 가장 대중적(크림성분을 함유) 사용이 편리
  - 눈썹이 뚜렷하지 않거나 숱이 적을 경우에 사용
  - 강하게 표현하고자 할 때 사용

- 에보니 펜슬
  - 흑연을 함유한 발색 없는 회색 펜슬
  - 사용 후 섀도우를 덧발라 자연스럽게 마무리
  - 눈썹에 자극 없이 부드럽게 한 올 한 올 그릴 수 있다.

② 섀도우 타입(Shadow Type)

- 자연스러운 눈썹표현에 효과적
- 눈썹 숱이 많은 사람에게 적합

(3) 눈썹의 색상 선택

- 모발의 색상과 유사한 색 선택
- 눈의 이미지를 고려하여 선택
- 의상 색에 맞춰 선택

[색상의 이미지]

색상	이미지	대상
검정 (Black)	강하고 확실해 보인다. 고전적인 눈매를 선명하게 표현	한복메이크업 흰 피부 눈이 큰사람
회색 (Gray)	차분하고 자연스런 느낌	어떤 이미지나 어울림 동양적인 분위기 연출
갈색 (Brown)	편안하고 부드럽다. 세련되고 현대적인 느낌 우아하고 여성스러운 느낌	건강하고 약간 그을린 듯 한 피부에 적합

[눈썹의 길이, 굵기, 색상에 따른 이미지]

길이	긴 눈썹	정적이고, 성숙, 여성스럽다.
	짧은 눈썹	동적이고, 귀여워 보이며 젊어 보인다.
굵기	굵은 눈썹	활동적, 젊고, 남성적
	가는 눈썹	고전적, 동양적, 여성스러움, 나이 들어 보임
색상	짙은 눈썹	강함, 젊어 보인다.
	연한 눈썹	약함, 자연스럽고, 부드러우며, 여성스럽다.

(4) 기본형 눈썹 그리기

① 눈썹을 정리

② 기본 위치를 잡는다.

- 눈썹머리 – 코 망울을 지나 수직으로 올려서 만나는 지점
- 눈썹 산 – 눈썹 전체 길이에서 눈썹머리로부터 $\frac{2}{3}$ 지점
- 눈썹꼬리 – 코 망울과 눈 꼬리를 45°각도로 연결한 연장선과 만나는 지점

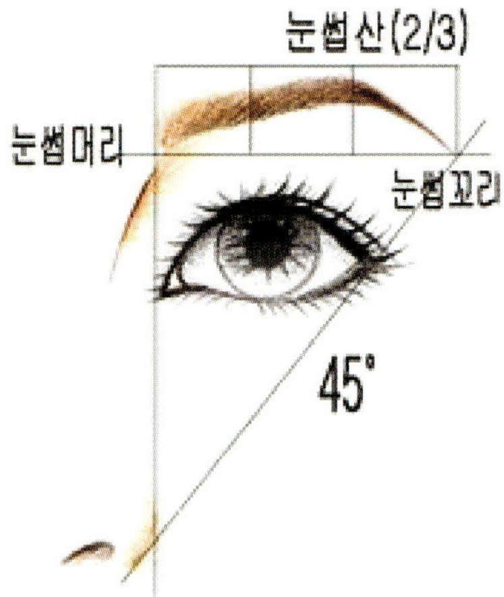

[눈썹의 기본위치]

③ 펜슬로 눈썹이 난 방향을 따라 빈곳을 메꾸어서 형태를 만든다.

④ 섀도우를 자연스럽게 눈썹 사이사이 빈 곳을 채워준다.

⑤ 색상은 모빌의 색상에 맞춘다.

⑥ 눈썹에 있어 마지막으로 굵기와 색의 강도인데

- 굵기는 앞머리 → 눈썹 산 → 눈썹 꼬리 순
- 색의강도는 눈썹머리는 자연스럽게 하며, 눈썹 산으로 갈수록 진하게 하고, 눈썹꼬리는 너무 진하지 않도록 주의

⑦ 눈썹길이는 눈길이보다 짧지 않게 그린다.

⑧ 눈썹 앞머리와 눈썹꼬리는 일직선상에 위치하여야 한다.

(5) 눈썹의 형태와 이미지

① 표준형

- 가장 무난한 눈썹 형
- 귀엽고 발랄한 이미지
- 어느 얼굴형에나 잘 어울림

② 직선형

- 젊고, 감성적인 느낌
- 긴 얼굴형에 적당
- 눈썹머리와 눈썹꼬리가 거의 수평에 가깝다.

③ 각진 형

- 단정하고 세련된 느낌
- 지적이고 현대적 느낌
- 둥근 얼굴형, 삼각형얼굴에 적당
- 이마가 넓은 얼굴에 적당

④ 아치형

- 부드럽고 여성적인 이미지
- 나이 들어 보임
- 우아하고 고전적인 이미지
- 이마가 넓은 형, 턱이 각진 형, 역삼각형 얼굴에 적당

⑤ 상승 형(화살 형)

- 역동적이고 개성적인 느낌
- 둥근 얼굴 형, 각진 얼굴 형
- 눈이 조금 작아 보인다.

(6) 눈썹 수정 방법

① 브러시를 이용하여 눈썹 결을 따라 정리

② 원하는 모양의 눈썹을 펜슬로 그린다.

③ 눈썹모양 밖으로 쳐지거나 빼친 눈썹을 정리

④ 눈 두덩이의 잔털과 불필요한 눈썹은 수정가위나 눈썹 칼로 정리

⑤ 원하는 이미지의 섀도우 색상으로 깔끔하고 자연스럽게 표현

- 수정가위로 수정 : 수정가위를 이용하여 불필요한 눈썹을 잘라내는 방법
- 블랜드 컷 : 브러시를 대고 빗질하여 빗 위로 빠져나온 눈썹과 아래로 빗질하여 아래로 빠져나온 눈썹을 가위로 잘라내는 방법
- 트위저(Tweezer)로 수정 : 족집게를 이용하여 눈썹을 뽑아내는 방법
- 쉐이빙(Shaving) : 눈썹 전용 면도칼을 이용하여 불필요한 털을 밀어주는 방법

(7) 눈썹형태에 따른 정리 방법

① 굵고 진한 눈썹

- 얼굴형에 맞게 가늘고 곡선모양으로 자연스럽게 정리

② 빈약한 눈썹

- 눈썹라인에서 벗어난 것만 정리
- 펜슬로 자연스럽게 한 올 한 올 그려 준 다음 섀도우로 정리

③ 눈썹 모가 긴 경우

- 눈썹형태를 정리한 다음 자연스럽게 눈썹 길이를 컷트

④ 눈썹과 눈썹 간격이 넓은 경우 또는 좁을 경우

- 자연스럽게 간격을 조절

⑤ 눈썹이 올라간 경우

- 눈썹 끝을 둥글게 그려준다.

⑥ 눈썹이 내려간 경우

- 내려간 부위의 눈썹을 정리한 다음 펜슬로 형태를 그려준다.

⑦ 눈썹과 눈 사이가 넓은 경우

- 아이섀도우는 밝게 하고 눈썹 윗 부분을 정리

⑧ 눈썹과 눈 사이가 좁은 경우

- 아이섀도우는 밝게 하고 눈썹 아래 부분을 정리

(8) 얼굴형에 따른 눈썹 수정 방법

① 둥근형

- 세로의 느낌을 강조
- 상승적으로 올려 그려주다가 $\frac{2}{3}$지점에서 각을 준다.

② 사각형

- 부드러운 아치형 또는 눈썹 산에 약간 커브를 준 직선적인 눈썹으로 표현

③ 역삼각형

- 눈썹길이의 $\frac{1}{2}$지점에 눈썹 산을 그려주거나 눈썹 산을 안쪽에 두고 아치형으로 가늘게 그려준다.

④ 긴 형

- 자연스러운 굵기로 수평적인 직선형 또는 눈썹 산에 약간의 커브를 준다.

⑤ 마름모형

- 눈동자 바깥쪽과 눈썹 산이 수직이 되는 상승형
- 눈썹머리를 진하게 한다.

3. Eye Make-up

- 감정을 잘 표현 할 수 있는 부분
- 적절한 컬러의 선택과 그에 어울리는 아이라인, 속눈썹을 조화시켜 아름다운 눈매연출

1) 아이섀도우 (Eye Shadow)

(1) 목적

- 눈에 색감과 음영을 주어 입체감 있는 눈매표현
- 눈의 모양을 수정 보완
- 색상을 이용하여 다양한 이미지 연출

(2) 종류

① 케익 타입(Cake Type)

- 가장 일반적인 타입
- 색상이 다양, 혼합이 용이
- 그라데이션의 용이
- 눈에 자극이 없고 피부밀착감이 우수
- 단점 → 시간경과에 따라 지속력이 떨어짐

② **크림 타입**(Cream Type)

- 유분이 함유된 타입
- 발색효과가 뛰어나며 색상이 선명
- 부드럽게 잘 펴지며 밀착력이 좋다.
- 사진이나 TV, 무대 메이크업에 많이 이용
- 사용 후 같은 색의 케익섀도우나 파우더로 고정해주면 지속력을 높일 수 있다.
- 단점 → 뭉치거나 얼룩지기 쉽다.

③ **펜슬 타입**(Pencil Type)

- 사용하기 간편함.
- 색감표현이 뛰어남
- 포인트 메이크업이나 선적인 느낌을 표현할 때 효과적
- 립과 치크까지 함께 사용 가능
- 단점 → 그라데이션이나 색상표현이 힘들다.

④ **파우더 타입**(Powder Type)

- 입자가 고운 펄 타입이 많다
- 광택을 부여하고자 할 때 사용(화려함)
- 파티 메이크업이나 사이버 메이크업 등에 사용
- 색상의 혼합과 그라데이션이 용이
- 단점 → 눈 밑에 잔여물이 떨어져 얼룩이 질 수 있기 때문에 주의

⑤ **스틱 타입**(Stick Type)

- 색상이 선명하고 지속력이 뛰어남
- 광고 촬영 시 많이 사용

(3) 아이섀도우의 컬러 명칭

① **메인 컬러**(Main Color)

- 눈두덩이 전체에 펴 바르는 컬러
- 눈매의 이미지를 형성하는 중심 색상
- 눈 전제의 이미지를 좌우
- 위치 – 눈두덩이 전체, 아이홀

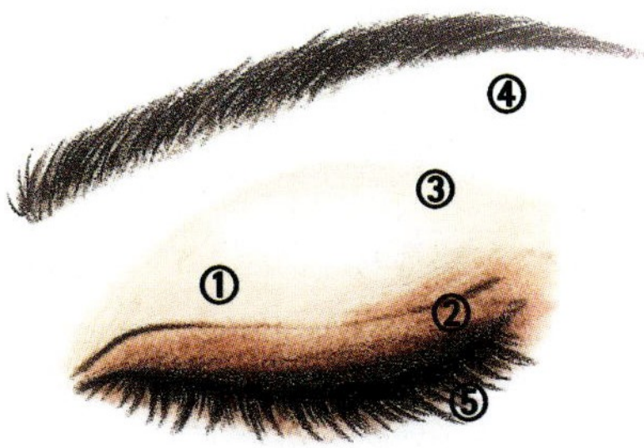

[아이섀도우의 명칭]

② **포인트 컬러**(Point Color)

- 눈매를 강조하기 위한 컬러
- 메인색상보다 진한색상 선택(선명한색)
- 위치 – 눈 꼬리, 쌍꺼풀 라인

③ **섀도컬러**(Shadow Color)

- 눈의 윤곽수정 또는 음영을 주기 위해 사용하는 컬러
- 브라운 계열의 컬러를 주로 사용
- 위치 – 아이 홀 부위

④ **하이라이트 컬러**(Highlight Color)

- 돌출되어 보이게 하거나 넓게 보이고자 하는 부위에 바르는 컬러
- 밝은 색이나 펄을 많이 사용
- 위치 – 눈썹 뼈, 눈동자 중앙

⑤ **언더컬러**(Under Color)

- 눈 밑 언더라인에 바르는 컬러
- 메인, 액센트 색상과 연결하여 선적인 느낌으로 표현
- 위치 – 눈 밑

(4) 아이섀도우 색상선택 방법

① **의상색과 조화를 고려**

② **피부색을 고려**

③ **배색과 색에 따른 이미지 고려**

④ **눈의 형태를 고려**

⑤ **계절 색을 고려**

- 봄 : 그린, 옐로우, 핑크와 같이 명도가 높은 색상
- 여름 : 블루, 그린블루, 화이트와 같이 블루나 화이트가 들어간 색상
- 가을 : 브라운, 카키, 골드 등 브라운 계열과 명도와 채도가 낮은 색상
- 겨울 : 화이트, 블랙, 와인, 레드 계열의 채도가 낮은 색상

[색상별 이미지]

색 상	이 미 지	대 상
적색계	귀엽고 젊은 이미지	흰 피부에 적합
보라색계	화려하고 우아한 이미지	파티메이크업에 적당
청색계	시원하고 눈을 가장 또렷하게 보임	어느 피부에나 표현이 적합
녹색계	건강하고 젊은 이미지	다갈색 피부에 적합
갈색계	자연스럽고 차분한 이미지	어느 피부에나 적합
회색계	세련된 이미지	흰 피부에 적합

(5) 아이섀도 바르는 방법

- 바르기 전에 손등에서 색상의 농도 조절
- 눈두덩이 넓은 부분에 밝은 색상을 사용할 때는 넓은 면의 브러시를 사용
- 짙은 색상으로 포인트를 표현할 때 좁은 면의 브러시를 사용
- 짙은 색상을 사용하여 강한 느낌을 표현하고자 할 때는 한 번에 많은 양을 사용하지 말고 여러 번 나누어 덧바른다.
- 색상간의 경계가 생기지 않도록 주의

(6) 기본테크닉

① 사용도구

- 손가락(Finger)
  - 밀착 감 있게 바를 수 있고 펴줄 때 또는 색을 엷게 하거나 지울 때 편리
- 스폰지 팁(Sponge Tip)
  - 눈가에 짙게 바를 때 편리

◦ 그라데이션 표현에 효과적

- 브러시(Shadow Brush)
  ◦ 색을 엷고 고르게 펴줄 때 편리
  ◦ 넓은 부위에 효과적
- 면봉(Cotton Tip)
  ◦ 부분적으로 펴 바르는데 효과적이고 라인, 섀도우가 번진 곳 수정용이

② 가로터치 기법

- 가장 일반적인 기법
- 브러시를 가로 방향으로 하여 자연스럽게 펴 발라주는 방법
- 쌍꺼풀이 없거나 눈이 작은 사람에게 효과적

③ 세로터치 기법

- 부분적인 포인트 표현이 필요할 때 브러시를 세로로 터치해주는 기법
- 쌍꺼풀이 크고 눈이 큰 사람에게 효과적

④ 사선터치 기법

- 눈 꼬리 부분을 사선형 방향으로 펴주는 방법
- 눈 꼬리가 처진 눈에 효과적

⑤ 아이 홀 기법

- 아이 홀을 강조하여 눈을 커 보이게 하는 기법

- 깊고 그윽하게 보이고 개성 있고 화려한 표현 할 때 효과적

(7) 눈 형태에 따른 섀도우 방법

① 작은 눈

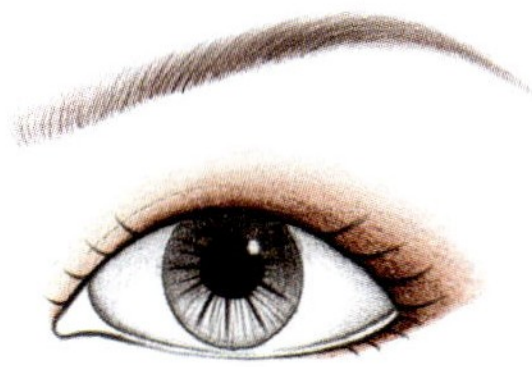

- 눈두덩이 전체에 펄 감이 있는 밝은 색상의 섀도우를 바른다.
- 눈길이 1/2 지점에서 눈 꼬리 쪽으로 짙은 색상으로 연장하여 눈길이가 길어보이게 한다.
- 언더 색상도 꼬리 쪽으로 길게 발라준다.

② 큰 눈

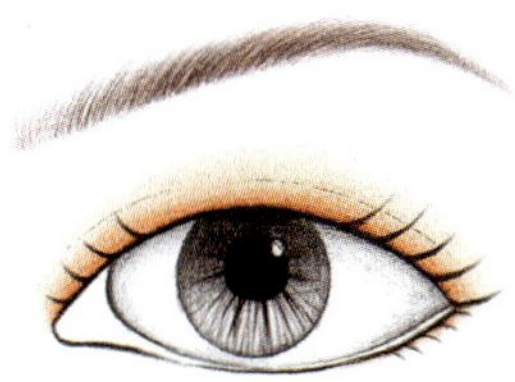

- 연한 색을 위주로 부드럽고 자연스럽게 그라데이션
- 눈 주위에 포인트 색이 강하지 않게 처리

③ 동그란 눈

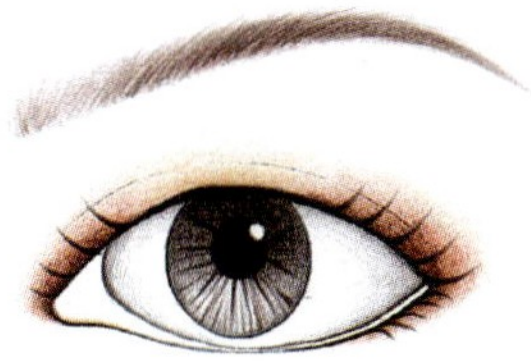

- 눈 앞쪽과 꼬리 쪽을 길게 처리하여 눈매를 길게 표현
- 언더 색상도 눈 꼬리 쪽으로 길게 연장
- 중앙에 짙은 색상을 바르면 눈이 더 둥글게 보임

④ 가느다란 눈

- 눈의 중앙부에 진하고 넓게 펴주고 하이라이트 색상을 아이 홀에서 꼬리 쪽으로 감싸듯이 넓게 바른다.

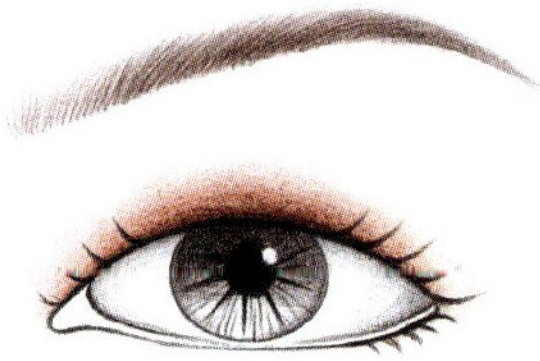

⑤ 눈 두덩이가 나온 눈

- 펄 감이 없는 파스텔 브라운이나 그레이색의 섀도우를 이용
- 눈 형태에 따라 선을 긋듯 입체감 있게 그라데이션
- 눈썹 뼈 부위에 강한 하이라이트를 준다.
- 붉은 계열을 피한다.

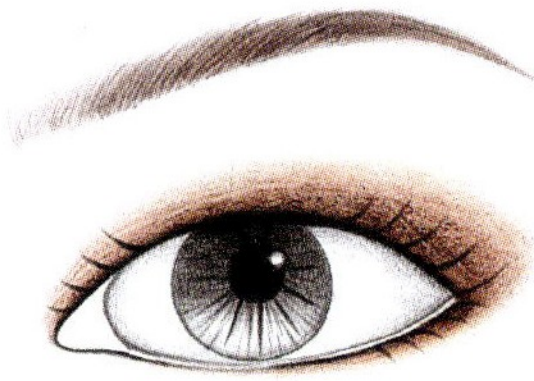

⑥ 눈두덩이가 들어간 눈

- 아이 홀 부위에 펄 감이 있는 밝은 색으로 하이라이트 효과
- 밝은 계열의 색상으로 포인트 처리하여 눈매 강조

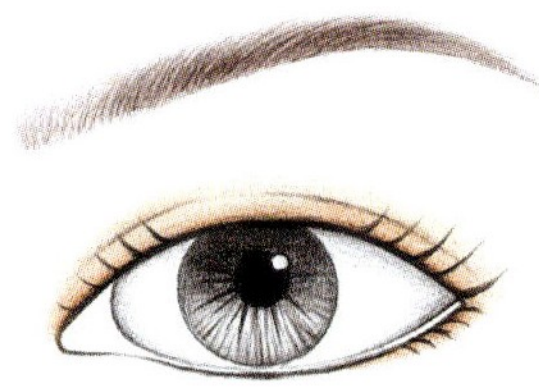

⑦ 처진 눈

- 눈앞머리에서 눈 꼬리까지 라인을 살려준다.
- 눈 꼬리에 짙은 컬러를 사선으로 표현

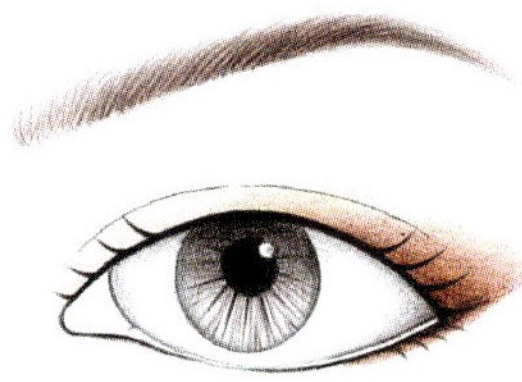

⑧ 올라간 눈

- 눈앞머리와 눈 꼬리 아랫부분에 포인트를 준다.

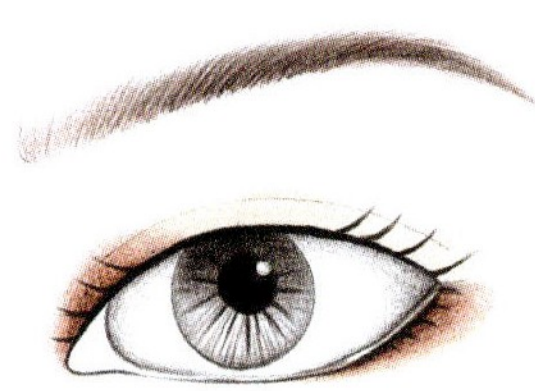

- 언더컬러를 눈 꼬리 부분에 넓게 펴 발라 부드럽게 안정시킨다.

⑨ 눈과 눈 사이가 먼 눈

- 눈앞머리에 짙은 색상으로 포인트를 준다.

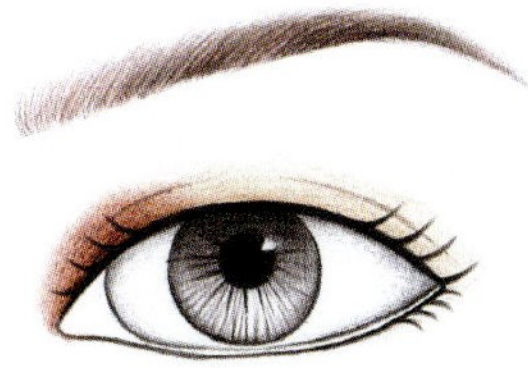

⑩ 눈과 눈 사이가 가까운 눈

- 눈앞머리에 밝은 색상으로 하이라이트 처리
- 눈 꼬리에 짙은 색 포인트 컬러로 그라데이션
- 눈 밑 언더라인도 눈 꼬리 바깥쪽으로 섀도우 처리

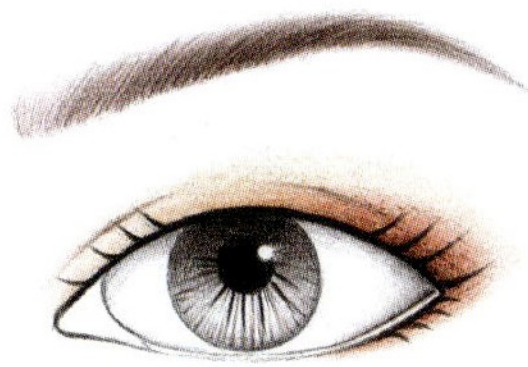

⑪ 쌍겹눈

- 자연스러운 색상으로 아이 홀 부위까지 부드럽게 그라데이션
- 라인을 따라 포인트 컬러로 처리

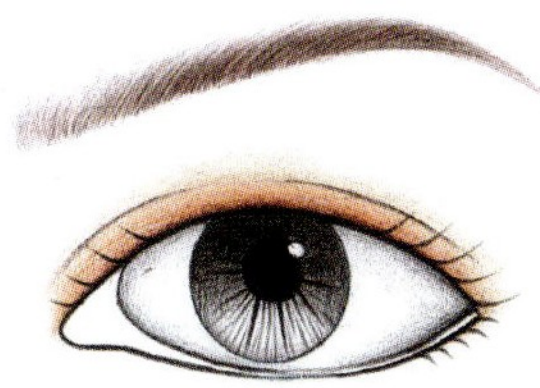

⑫ 외겹 눈

- 눈썹 뼈 부분에 하이라이트를 강하게 넣고 포인트 컬러를 눈 꼬리에서 사선방향으로 끌어 올려 아이 홀 부분까지 그라데이션

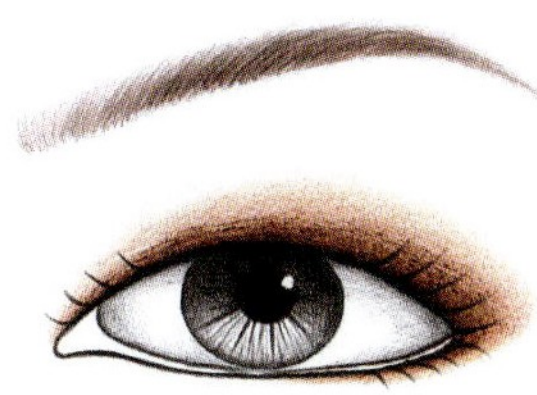

⑬ 짝눈

- 양쪽 눈 중 예쁘지 않는 눈을 수정
- 눈의 균형을 맞추기 위하여 정상적인 눈도 약하게 또는 강한 색으로 수정이 필요

(8) 얼굴형에 따른 섀도우 테크닉

① 둥근형

- 눈을 중심으로 크게 보이게 한다.
- 눈 꼬리 쪽에 긴장을 주도록 약간 사선 형으로 끌어당긴 느낌으로 바른다.

② 사각형

- 눈의 윤곽이 넓어 보이도록 한다.
- 밝은 색의 아이섀도우를 눈두덩이 전체에 바른 후 눈꼬리쪽에 짙은 색상의 섀도우로 눈 끝을 강조

③역삼각형

- 눈의 외곽 쪽을 둥글게 강조
- 부드러운 이미지로 표현
- 짙은 색상의 섀도우로 눈의 외각부분을 발라 둥근 느낌을 강조

④ 긴 얼굴형

- 수평의 느낌으로 섀도우 처리
- 언더라인도 부드러운 파스텔 톤으로 둥근 느낌이 나도록 눈 꼬리 쪽을 강조하듯 둥글게 펴 바른다.

⑤ 넓은 얼굴

- 눈의 바깥쪽을 올리듯 강조
- 갸름하게 표현

2) 아이라이너 (Eye Liner)

(1) 역할

- 눈매를 선명하고 또렷한 생동감 있는 눈매 연출
- 눈의 크기를 조절하고 형태를 수정
- 윤곽 있는 눈매연출 및 마스카라의 효과를 상승

(2) 종류

① 리퀴드 타입(Liquid Type)

- 내수성, 방수성이 좋다.
- 색상이 선명하게 뚜렷하게 표현
- 광택으로 인하여 부자연스러울 수 있으며 사진 촬영 시 주의

② 케익 타입(Cake Type)

- 고형으로 물이나 스킨을 섞어서 사용
- 자연스러우며 펜슬타입이나 지속력이 좋다.
- 물의 양에 따라 색의 농도가 달라진다.

③ 펜슬 타입(Pencil Type)

- 자연스러운 분위기 연출에 용이
- 사용하기 간편
- 단점 – 지속력이 떨어져 지워지거나 잘 번지는 단점

④ **붓 펜**(Brush Pen Type)

- 색상이 진하고 광택이 없어 자연스럽게 그리기에 편리
- 지속력이 좋다.

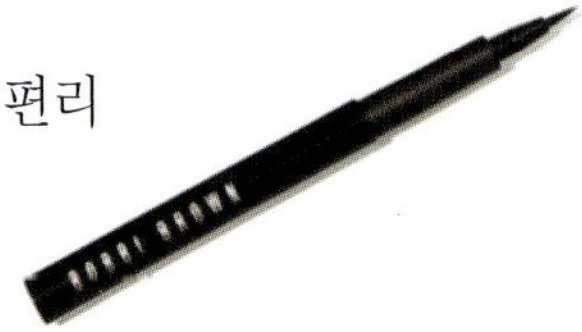

⑤ **젤 타입**(Gel Type)

- 크림타입
- 케익 아이라이너 보다 좀 더 사용하기 용이
- 쉽게 번지지 않는다.

(3) 아이라이너의 색상 선택

색상	특징
검정(Black)	가장 대중적, 검은 눈동자에 잘 어울림
갈색(Brown)	큰 눈 또는 인상이 강한 눈을 자연스럽게 표현할 때 사용
회색(Gray)	세련된 분위기를 연출하고자 할 때 사용
청색(Blue)	시원하고 차가운 느낌, 젊고 깨끗한 이미지를 나타낼 때 사용 여름메이크업에 자주 사용
보라(Purple)	신비로움, 화려한 여성스러운 이미지를 나타낼 때 사용
카키(kaki)	봄 분위기의 아이섀도 색상과 사용 갈색, 오렌지색과 사용하면 도회적이고 지적인 분위기 연출

(4) 아이라이너 그리는 방법

① 모델의 시선을 아래로 보게 한다.

② 속눈썹 사이사이를 채우면서 라인을 그리는데 윗 눈꺼풀의 점막이 보이지 않게 주의

③ 한 번에 라인을 그리지 말고 점을 찍듯이 그려준다.

④ 눈 모양을 따라 그리다가 눈 꼬리 부분은 눈을 뜨고 눈매를 만들어 준 후 눈을 감고 수정

⑤ 언더라인은 눈 꼬리에서 중앙을 향해 그리며 펜슬이나 섀도우를 사용

⑥ 위 라인 대한 아래라인의 비율 위 : 아래 = 7 : 3

- 언더라인을 강조 : 눈매가 쳐져 보이며 귀여운 인상
- 위 라인을 강조 : 눈매가 올라가 보이며 성숙한 느낌

(5) 이미지 표현법

① 섹시 스타일

- 중앙 부분을 다소 두껍게 하고 가장자리는 가늘게 그린다.
- 눈 꼬리를 길게 그린다.

② 내추럴 스타일

- 붓 펜 타입의 아이라이너로 속눈썹의 가장자리에 바싹 당겨 그린다.
- 살짝 눈을 떠서 속눈썹 아래에도 그려준다.
- 눈 꼬리를 올려 빼지 말고 수평으로 그린다.

③ 복고스타일

- 펜슬 타입의 라이너로 눈의 형태를 따라 에워싸듯 그려준다.
- 붓 펜 타입으로 그 위를 조금 두껍게 덧그린다.
- 두껍게 표현되므로 눈 꼬리는 2㎜이상 길게 끌어올리지 말고 수평으로 처리

④ 큐트 스타일

- 위 눈동자의 중앙부분을 둥글게 그린다.

(6) 눈 모양에 따른 아이라인 테크닉

① 크고 둥근 눈

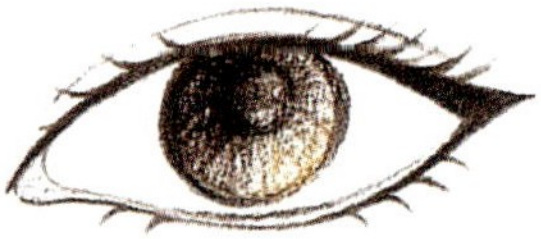

- 펜슬 타입으로 눈 앞머리부터 꼬리까지 가늘고 자연스럽게 그려준다.
- 언더라인과 눈 꼬리 부분에서 연결

② 가늘고 홑겹인 눈

- 눈의 중심부를 강하고 굵게 곡선으로 그려준다.
- 눈을 떴을 때 살짝 라인이 보이도록 두껍게 그린다.
- 언더라인은 펜슬타입으로 윗 라인과 자연스럽게 연결

③ 눈 꼬리가 내려가는 눈

- 눈 꼬리 부분을 원래의 라인보다 올려 그려준다.
- 언더라인의 꼬리 부분은 약하게 그리되 윗 라인과 만나도록 그려준다.

④ 눈 꼬리가 올라가는 눈

- 윗 라인은 자연스럽게 속눈썹을 따라 그려주다가 눈 꼬리의 바로 전에 멈춘다.
- 언더라인 눈 꼬리 부분의 1/3 을 굵게 수평으로 그려준 뒤 윗 라인의 눈 꼬리의 부분을 약간 처지게 그려 언더라인과 만나도록 한다.

⑤ 두툼하고 부어 보이는 눈

- 전체적으로 라인을 그리되 눈 꼬리 부분을 올리지 말고 굵게 강조
- 언더라인은 강조하지 않는다.

⑥ 들어가는 눈

- 윗 라인과 언더라인을 가늘고 자연스럽게 그린다.
- 눈 꼬리 부분을 굵게 그리면서 끝을 약간 끌어 올려준다.

⑦ 작은 눈

- 윗 라인과 언더라인을 수평적인 느낌이 나도록 굵게 그린다.
- 눈 꼬리 부분은 원래의 길이보다 약간 길게
- 언더라인과 만나지 않도록 그려준다.

3) 마스카라 (Mascara)

(1) 역할

- 속눈썹을 길고 짙어 보이게 한다 – 선명한 눈매 연출
- 눈에 깊이 감을 주어 풍성한 눈매를 표현
- 처진 속눈썹을 올려 눈을 커보이게 한다.

(2) 마스카라의 종류와 효과

① 리퀴드 마스카라(Liquid Mascara)

- 지속력과 접착성이 뛰어남
- 속눈썹을 선명하게 해준다.

② 컬링 마스카라(Curling Mascara)

- 브러시가 길고 촘촘하여 속눈썹을 자연스럽게 말아 올려준다.
- 오래 지속시켜 주는 효과

③ 볼륨 마스카라(Volume Mascara)

- 숱이 많아 보이게 하여 또렷한 눈매 연출
- 솔이 촘촘하고 둥근 커다란 브러쉬
- 뭉침 방지와 지속력을 강화
- 가늘고 힘없는 속눈썹을 두껍고 탄력 있게 해준다.

④ 롱 래쉬 마스카라(Long-lash Mascara)

- 섬유소 · 실리콘 혼합물, 식물성 왁스 등을 이용
- 짧은 속눈썹을 길게 연장시켜 주는 효과

- 나선형의 짧은 솔로 되어 있다.
- 직모이며 얇고 짧은 속눈썹의 성장을 돕는다.
- 길고 풍성하게 보인다.

⑤ 컬러 마스카라(Color Mascara)

- 다양한 컬러의 마스카라 – 색상이 다양
- 같은 색상의 아이라이너와 같이 사용하여 색상을 부각

⑥ 워터 프루프 마스카라(Water-proof Mascara)

- 땀과 물에 잘 지워지지 않는다.
- 지속력이 강함
- 스포츠 시 땀이나 눈 형태로 인하여 마스카라가 많이 번지는 경우에 사용
- 롱래쉬나 볼륨 등의 기능에 방수기능 첨가
- 여름 메이크업 시 효과적

⑦ 베이스 마스카라(Base Mascara)

- 마스카라를 바르기 전에 사용
- 영양, 보습 성분 함유
- 속눈썹에 영양을 공급하고 부드럽게
- 마스카라의 밀착력을 높이고, 고정되도록 돕는다.

⑧ 케익 마스카라(Cake Mascara)

- 물이나 스킨 등을 섞어 나선 붓으로 찍어 사용
- 지속성이 있고 사용하기 편리
- 눈물 등 물기에 의해 쉽게 번짐

⑨ **투명 마스카라**

- 젤리 타입
- 남성 메이크업 시 눈썹을 빗어 결을 정리
- 진한 속눈썹을 가지고 있는 경우 사용

(4) 마스카라 색상별 이미지

색상	이미지
검정(Black)	대중적으로 많이 사용 깊이 있는 눈매 연출에 적당
갈색(Brown)	자연스럽고 부드러운 눈매를 연출
청색(Blue)	시원하고 상큼한 이미지 여름철에 많이 사용
보라(Purple)	신비롭고 화려함을 표현 가을철에 많이 사용
카키(kaki)	그린계열의 생동감 있는 색 봄 분위기를 위한 연출에 효과적
흰색(White)	특별한 컨셉을 가지고 광고, 패션쇼 등 무대 메이크업에 많이 사용

(5) 마스카라 바르는 방법

① 얼굴은 정면을 향하고 시선은 아래를 향한다.

② 아이래쉬컬을 사용하여 속눈썹의 뿌리, 중간, 끝의 순으로 2~3번에 나누어 집어주어 컬을 만든다.

③ 위에서 아랫방향으로 쓸어내리듯 발라준다.

④ 눈을 뜨게 한 후 아래부터 지그재그 방향으로 위로 컬링 한다.

⑤ 아래 속눈썹은 브러쉬를 세로로 세워 끝 부분을 가볍게 발라준다.

⑥ 마스카라 액이 건조된 후 액이 묻지 않은 마스카라 브러쉬로 한 번 더 빗어 속눈썹이 엉키지 않도록 깔끔하게 처리

(6) 마스카라 사용 시 주의 사항

① 마스카라가 눈 주변의 피부에 묻었을 경우 바로 제거하지 않고 그냥 두었다가 마르면 면봉으로 떼어낸다.

② 마스카라 액이 용기에 굳었을 경우 스킨이나 오일 크림을 약간만 넣어서 사용

③ 마스카라 액을 여러 번 펌프질하면 액이 브러쉬에 뭉치므로 살짝 돌려 양을 조절하면서 뺀다.

④ 마스카라를 지울 때는 눈에 자극이 없는 아이 리무버를 면봉에 묻혀 속눈썹, 뿌리 쪽에서 쓸어 내리 듯 닦아준다.

4) 인조 속눈썹 (False Eyelashes)

(1) 역할

- 눈매를 크고 또렷하게 수정, 보완
- 쌍꺼풀이 없거나 속눈썹이 짧은 경우 깊은 눈매를 만드는데 효과적
- 다양한 종류의 속눈썹으로 원하는 이미지 연출

(2) 종류

① **심는 속눈썹**(individual lashes)

- 한 올 한 올 핀셋으로 심어준다.
- 속눈썹의 양을 조절
- 자연스러운 속눈썹을 연출
- 쌍꺼풀이 진하게 있거나 속 쌍꺼풀인 경우에 사용

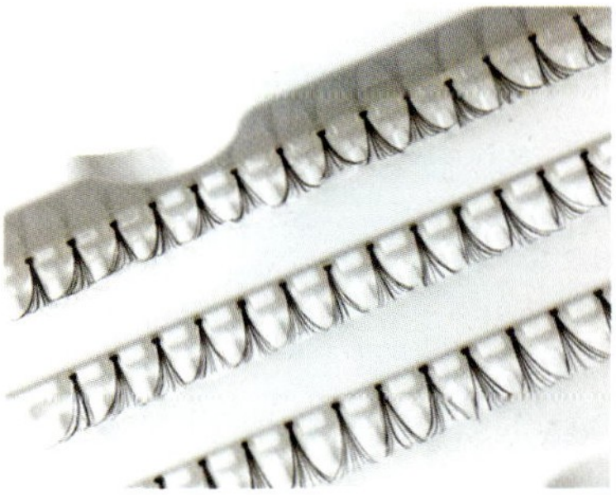

② **한 개로 연결된 속눈썹**(stip eye lashes)

- 전체적으로 모양이 만들어져 있어 사용하기 간편
- 또렷한 눈매를 연출

(3) 속눈썹 부착방법

① **심는 속눈썹**(Individual Eyelashes)

- 길이가 8㎜, 10㎜, 12㎜, 14㎜ 등 다양

- 눈썹에 묻어 있는 유분을 제거
- 케이스에서 핀셋으로 떼어낸다.
- 속눈썹 끝에 접착제를 바른다.
- 핀셋으로 속눈썹을 수평이 되게 잡고 이미지에 맞추어서 눈썹 사이사이에 섬세하게 심어준다.

② 한 개로 연결된 속눈썹(Ctipe Eye lashes)

- 눈 길이와 맞추어 보아 눈길이 보다 약간 짧게 잘라준다.
- 인조 속눈썹을 반대 방향으로 휘어서 접착하기 쉽게 만든다.
- 인조 속눈썹의 접착 부분에 알맞은 양의 접착제를 바른다.
- 인조 속눈썹의 중앙부분보다 양 끝에 접착제 양을 조금 더 바른다.
- 눈 앞머리부터 인조 속눈썹을 붙이고 눈이 처진 경우 끝머리는 약간 들어서 붙인다.
- 면봉으로 접착되는 부위를 눌러주어 지속력 있도록 한다.
- 마스카라를 발라 인조 속눈썹과 속눈썹이 연결되도록 해준다.

(4) 속눈썹 선택 방법

- 눈이 작은 사람 – 바깥쪽이 짧고 가운데가 긴 것
- 자연스러운 눈매 연출 – 눈 꼬리 쪽에서 1/3이나 1/2 정도만 붙이고 자연스러운 컬과 적당한 숱이 있는 속눈썹을 선택

(5)주의 사항

- 속눈썹 최대한 가까이 붙여야 눈의 형태가 정확하고 커 보인다.
- 눈머리 안쪽으로 너무 들어가면 불편하고 부자연스러워 보이므로 1㎜정도 뒤

로 붙여준다.

- 눈 꼬리의 경우 본인의 눈길이 보다 많이 길지 않게 하는 것이 자연스러우나 컨셉에 따라 길게 빼거나 부분적으로 과장시킬 수 있다.

4. Cheek Make-up

(1) 역할

① 혈색을 부여하여 생동감을 준다.

② 얼굴 윤곽에 음영을 주어 입체감을 만든다.

③ 얼굴형의 수정 효과

④ 여성스럽게 보인다.

(2) 종류

① 케익 타입(Cake Type)

- 섀도우와 겸용으로 사용
- 색상표현이 용이
- 그라데이션이 쉽다.
- 브러쉬를 이용

② 크림 타입(Cream Type)

- 베이스(피부화장)단계에서 파우더를 바르기 전에 사용
- 색상이 다양하지 못함
- 자연스럽게 혈색을 줄 수 있고 윤곽수정에 용이
- 글로시한 피부표현 시 주로 사용
- 스폰지 또는 손을 사용

③ **파우더 타입**(Powder Type)

- 가장 자연스럽다.

(3) 색상별 이미지

① **분홍**(Pink)

- 귀엽고 여성스런 이미지
- 혈색이 없어 보이고 희고 투명한 피부에 적합

② **주황**(Orange)

- 건강하고 활동적인 이미지
- 어두운 피부색에 사용

③ **빨강**(Red)

- 여성스럽고 사랑스런 이미지

④ **보라색**(Purple)

- 화려한 분위기를 연출 할 때 사용

⑤ **갈색**(Brown)

- 현대적이고 지적이며 성숙한 이미지
- 음영을 주어 입체감을 강조

(4) 기본위치 및 방법

① 기본위치

- 정면을 보고 있을 때 눈동자의 바깥부분에서 수직으로 내린 선과 코 끝 부분을 수평으로 연결해서 만나는 바깥부분
- 광대뼈의 입체감을 강조하기 위해서 광대뼈 위쪽으로 관자놀이를 중심으로 하이라이트를 주고 광대뼈를 감싸듯이 볼 치크 색상을 넣는다.
- 입 꼬리를 올리고 웃었을 때 가장 돌출되는 부분을 중심으로 하여 그라데이션 한다.

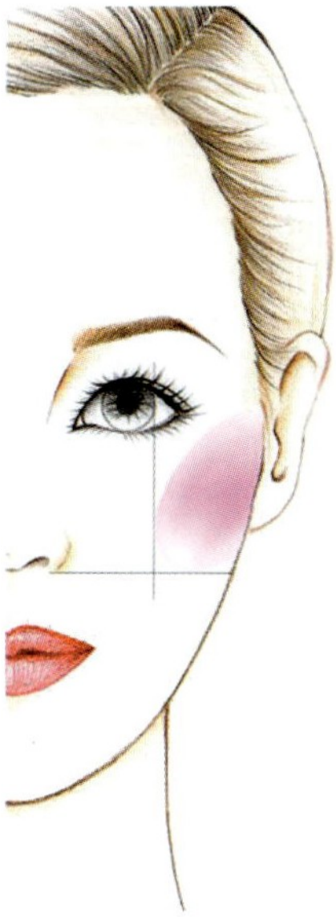

[치크의 기본위치]

② 치크의 방법

- 가장 진한 부분에서부터 자연스럽게 칠하여 경계선이 생기지 않도록 한다.
- 치크 브러시에 원하는 색을 묻혀 손등에서 미리 색상을 조절하여 색감을 연출한다.
- 볼에 색을 칠한 뒤 분첩 등으로 경계를 없애도록 한다.

③ 적용

- 광대뼈 부분은 약간 진한 색상으로 광대뼈 위는 약간 밝은 색상으로 두 가지 이상의 색상을 동시에 사용
- 얼굴형과 이미지를 고려하여 색상을 선택
- 브라운 계통의 음영을 주는 색상들은 얼굴의 윤곽을 잡아 줄 수는 있지만 혈색을 부여하기 어려움
- 광대뼈 아래쪽에 블러셔가 위치하면 나이 들어 보이거나 처져 보인다.

④ 치크를 바르는 테크닉

- 넓게 바를 때 : 바르는 부위의 중심에서 바깥쪽을 향해 자연스럽게 바른다.
- 좁게 바를 때 : 바른 부위의 브러시를 상하로 움직여 바른다.
- 선적인 느낌을 강조할 때 : 한쪽 방향으로 움직여 바른다.
  - ◦ 사선터치 – 광대뼈와 볼 사이에서 코와 입의 사선방향으로 터치
    얼굴형과 윤곽 수정에 효과적
  - ◦ 곡선터치 – 볼을 중심으로 시계 방향으로 둥글려서 터치하는 기법
    귀엽고 여성스러운 이미지를 부여할 때 효과적

(5) 얼굴형에 따른 치크 방법

① 둥근형

- 둥근 얼굴이 갸름해 보이도록 광대뼈 아래부터 입꼬리를 향해 사선으로 터치

② 긴형

- 광대뼈를 중심으로 코 외벽을 향하도록 가로의 느낌으로 터치

③ 사각형

- 넓게 펴 바르고 각이 진 턱 끝을 향해 터치

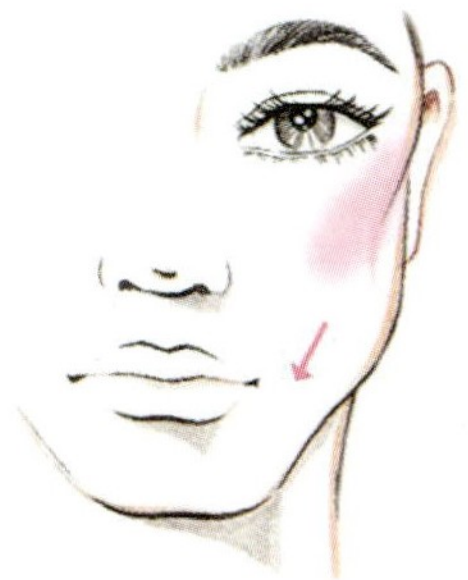

④ 역삼각형

- 귀 부분에서 코끝을 향해 터치

(6) 이미지에 따른 치크 방법

① 귀여운 이미지

- 광대뼈를 중심으로 둥글게 표현

② 세련되고 지적인 이미지

- 볼 뼈 위쪽은 밝은 색으로 하이라이트를 주고 아래는 약간 어두운 색으로 표현

③ 활동적인 이미지

- 볼 뼈 약간 아랫부분에 어두운 색으로 직선의 느낌으로 표현

④ 여성스런 이미지

- 가장 일반적인 방법으로 볼 뼈를 중심으로 관자놀이 쪽으로 표현

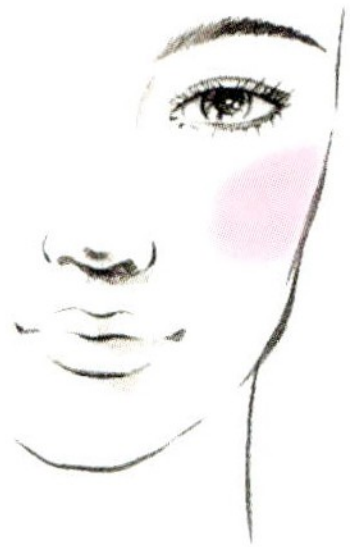

5. Lip Make-up

(1) 역할

- 입술모양을 수정, 입체감 부여
- 색상을 이용하여 포인트를 강조
- 입술보호하며 영양을 공급

(2) 종류

① **립스틱**(Lip stick)

- 유분에 색소를 혼합 분쇄한 제품
- 사용이 간편하며 대중적
- 색상과 질감이 다양
- 새로운 이미지 연출에 효과적
- 유분함량에 따라
  - ◦ 모이스춰 타입(Moisture type) – 오일 함량이 많아 퍼짐성 우수
  - ◦ 매트타입(Mate type) – 밀착감이 높고 유분기가 적다.
  - ◦ 롱 래스팅 타입(Long-lasting type) – 지속력은 뛰어나지만, 입술에 부담이 크고 건조해지기 쉽다.

② **립크림**(Lip Cream)

- 젤 타입
- 립스틱 색상을 선명하게 표현
- 촉촉한 입술 표현

③ 립 라이너(Lip Liner)

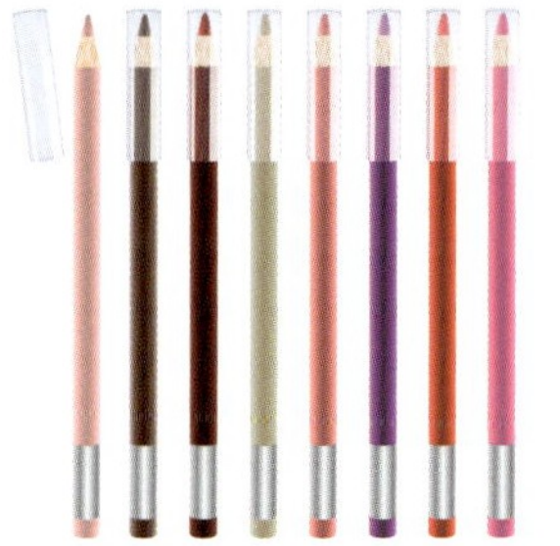

- 입술의 윤곽을 뚜렷이 하고 형태 수정 시 사용
- 입술 화장이 번지지 않게 오래 지속
- 립스틱과 같은 색상을 사용
- 펜슬 타입

④ 립글로스(Lip Glosses)

- 오일 타입으로 입술을 보호
- 입술을 윤기 있고 촉촉하게 표현
- 지속력이 약함
- 입체감을 줄 때 사용

⑤ 립 틴트(Lip Tint)

- 착색제
- 지속력이 오래가고 선명
- 입술이 건조해지므로 립글로스와 함께 사용

⑥ 립 밤(Lip Balm or Conditioner)

- 입술을 보호하는 역할
- SPF가 함유된 제품이 많다.
- 보습효과가 뛰어나며 빠르게 흡수

⑦ 립 크래용(Lip Crayons)

- 오일의 함유량이 적은 제품
- 펜슬보다 두꺼운 형태
- 사용하기 간편하고 휴대가 편리

(4) 색상선택 방법

- 전체 이미지에 맞춘다.
- 의상 색에 맞춘다.
- 피부색에 맞춘다.
- 연령에 맞춘다.
- 입술 색에 맞춘다.

① 컬러에 따른 이미지

색 상	이미지
핑크 톤 (Pink Tone)	여성스럽고 귀여운 이미지
레드 톤 (Red Tone)	정열, 관능 여성적인 색으로 가장 대표적인 컬러
오렌지 톤 (Orange Tone)	활동적이며 발랄한 이미지 검은 피부에 잘 어울린다.
퍼플 톤 (Purple Tone)	우아한 여성미 강조 화려한 이미지 표현에 효과적
브라운톤 (Brown Tone)	지적이고 차분한 이미지 가장 무난한 색상

② 피부색에 따른 색상

<table>
<tr><th rowspan="2">피부 톤</th><th colspan="2">핑크계열</th><th colspan="2">오크계열</th></tr>
<tr><th>흰 피부</th><th>핑크 톤 피부</th><th>황색 피부
(노란기가 도는 피부)</th><th>짙은 황갈색 피부</th></tr>
<tr><td>피부 특징</td><td>혈색은 없으나 화사해 보이는 피부</td><td>희면서 붉은 피부</td><td>노르스름하고 약간 창백해 보이는 피부</td><td>전체적으로 검어보이는 피부</td></tr>
<tr><td>립스틱 색상</td><td>붉은 기가 가미된
핑크계열
퍼플계열
레드계열</td><td>산호색
푸른 기가 도는
와인, 퍼플
중간 톤의 브라운 계열</td><td>오렌지계열
브라운계열
레드계열</td><td>벽돌색
브라운계열</td></tr>
</table>

③ 연령에 따른 색상

연 령	색 상
젊은층	연하고 밝은 핑크, 오렌지, 선명한 레드 유행에 따라 펄이 가미된 색이나 립글로스를 사용해도 무방
중년층	차분하고 온화하고 매트 한 느낌의 색 레드가 가미된 핑크 톤, 브라운, 와인 등 * 펄이 함유된 제품은 피한다.

④ 입술 형과 색에 따른 색상

입술 형과 색	색 상
입술이 큰 경우	짙은 색 사용 펄 제품은 피한다.
입술이 작은 경우	연한색이나 펄이 가미된 색
입술색이 짙은 경우	선명하고 짙은 색 사용
입술색이 옅은 경우	파스텔 계열의 색을 사용

⑤ 의상 색과 어울리는 립 컬러

색 상	이미지
그린(Green)	오렌지 톤, 브라운톤
레드(Red)	레드 톤. 브라운톤 * 핑크 톤은 피한다.
블루(Blue)	선명한 레드 톤. 핑크 톤 강한색이 어울림
퍼플(Purple)	산호색, 팥죽색 톤의 핑크 톤 흑 장미색
화이트(White)	파스텔 톤 장미색 톤의 색상

[립스틱의 질감별 특성]

질감(Texture)	특 성
표준 질감 (Standard Texture)	색상의 변화가 적고 약간의 윤기가 있다. 가장 무난한 타입의 질감
매트한 질함 (Matte Texture)	광택이 없고 색이 강하게 표현 지속력이 우수 단점 - 건조해지기 쉽다.
롱래스팅 (Long Texture)	색소성분을 강화 오랜 시간 지속 유지
모이스춰라이징 (Moisturzing)	보습성분 함유-촉촉해지며 윤기가 있다. 오일함량이 많아 색의 퍼짐성이 좋다. 단점-번질 우려가 있어 지속력이 떨어진다.
그로스 (Gloss)	왁스보다 오일이 많이 함유 색이 진하고 번들 거린다 단점-건조가 빠르기 때문에 자주 덧발라 주어야 한다.

(5) 립 메이크업 방법

① 기본형 입술

- 입술의 양끝은 눈동자 안쪽에서 수직으로 내린 선 안에 위치
- 입술산은 양 콧구멍을 중심으로 수직으로 내린 선과 만나는 부분에 위치
- 이상적인 윗입술과 아랫입술의 비율을 1:1.5

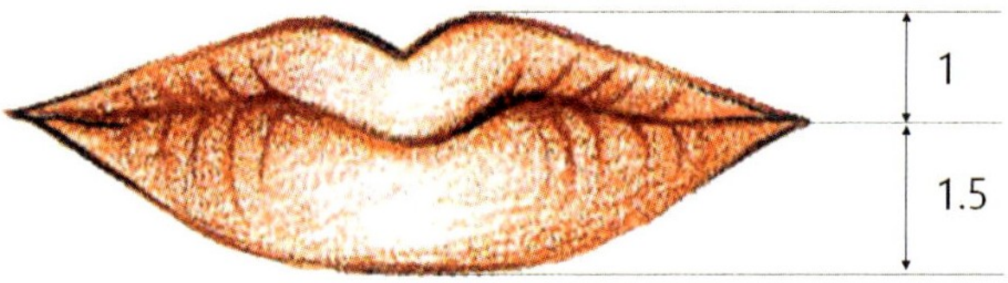

[이상적인 입술의 비율]

② 입술그리기

- 입술 산의 위치 결정
- 양쪽의 입술 선을 바깥쪽으로부터 중심을 향해 그린다.
- 구각에서 반대쪽을 향해 윤곽을 잡는다.
- 반대쪽도 똑같이 그린다.
- 아랫입술의 중심을 그린다.
- 구각에서 윤곽을 잡으며 아랫입술 중심을 향해 그린다.
- 반대 측도 똑같이 그린다.

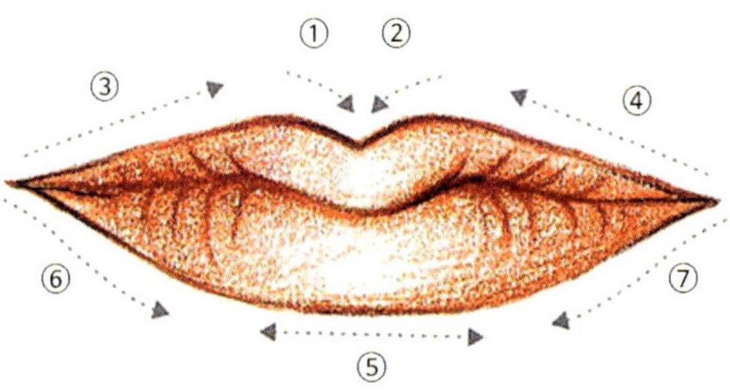

[입술 그리는 방법]

③ 립 메이크업 방법

- 립 메이크업 전에 립 밤이나 컨디셔너를 발라 입술을 부드럽게 해준다.
- 피부표현 시 파운데이션으로 입술선과 입술 색을 수정
- 립 라이너를 이용하여 윤곽을 그린다.
- 립 브러시를 이용하여 색상을 입술 전체에 칠한다.
- 립글로스나 펄 파우더로 하이라이트를 넣어 줄 수 있다.

  * 구각부분은 라이너로 꼼꼼히 정확하게 그려 잘 지워지지 않도록 한다.

④ 선의 따른 이미지

- 인커브(In Curve)
  - 여성스럽고 귀여운 이미지
  - 한복 메이크업, 시대 메이크업에 많이 사용

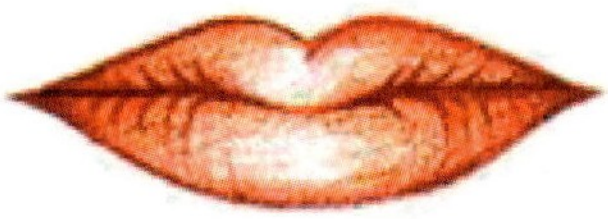

- 아웃커브(Out Curve)
  - 입술 선을 늘려 그리는 것
  - 클래식하며 관능적이고 섹시미를 표현

- 스트레이트커브(Straight Curve)
  - 입술 선을 직선으로 그리는 것
  - 샤프하고 지적이며 현대적 이미지

(6) 입술모양에 따른 수정 테크닉

- 윗입술과 아랫입술의 비율을 1:1.5
- 입술 산을 기준으로 좌우대칭이 되도록 한다.
- 입술선이 다를 경우 차이가 나는 부분을 채워서 그린다.
- 파운데이션과 컨실러를 사용하여 원래 입술 선을 고정
- 입술라인 수정 시 위아래로 1~2㎜이상은 나가지 않도록 한다.

① 두껍고 큰 입술

- 파운데이션과 컨실러를 이용하여 원래 입술 선을 교정한다.
- 어두운 색의 립 라이너로 입술선보다 안쪽으로 그린다.
- 너무 밝거나 펄 감이 있는 립 색상은 피한다.
- 두꺼운 입술 수정 시 컨실러를 사용하여도 자연스럽게 줄이기 힘들어 입술 산을 중심으로 입술 선을 화이트 펄을 사용하여 그려주면 입술 선에 입체감이 생김과 동시에 자연스럽게 줄일 수 있다.

② 얇은 입술

- 파운데이션을 이용하여 원래 입술 선을 교정한다.
- 립 라이너로 원래 입술선보다 1~2㎜ 바깥쪽으로 그린다.
- 밝은 색상이나 립글로스를 사용하는 것이 좋고 입술 중앙부분에 펄을 주어 입체감을 준다.

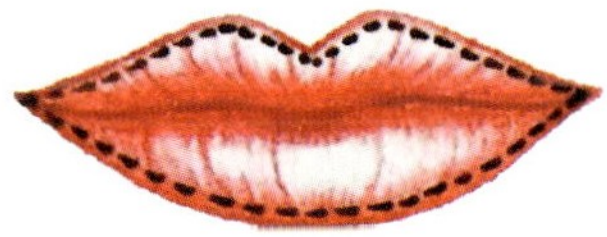

③ 처진 입술

- 컨실러로 구각부분을 교정하고 색을 채운다.
- 립 라인은 구각 끝부분을 약간 올려서 그리고 아랫입술은 완만하고 곡선을 이루도록 한다.
- 입술산은 너무 높지 않게 그리고 윗 입술라인을 직선이 아닌 S자 형태로 만든다.

④ 돌출된 입술

- 전체적으로 1~2㎜ 얇게 라인을 그려주고 아랫입술의 중앙 부분에 어두운 컬러의 립스틱을 발라 입술이 들어가 보이는 효과를 준다.
- 글로시한 제품보다는 매트한 제품으로 선택한다.

⑤ 윤곽이 희미한 입술

- 립라이너를 이용하여 입술라인을 또렷하게 그려주고 진한 색상의 립스틱을 사용

V. 메이크업 디자인

1. Natural Make-up

내추럴이란 "자연의 가공하지 않은, 바탕 그대로"의 뜻으로 인위적이지 않은 자연스러운 메이크업을 의미한다. 피부 결이나 피부 톤 등의 결점을 완벽하게 커버하기 보다는 소량의 메이크업 제품을 이용하여 가장 자연스럽게 연출하는 메이크업으로 최근에 이르러 인기 있는 메이크업 중 하나이다.

메이크업을 안 한 듯 한 자연스러움을 강조한 메이크업

1) Base Make-up

- **Base** : 피부색과 비슷한 리퀴드 파운데이션이나 크림파운데이션을 바른다. 피부의 결점을 보완하기 위해 두텁게 바르기보다는 피부색과 통일시키기 위해 골고루 펴지게 바르는 것이 중요하다.
- **High Light** : 베이스보다 1톤 밝은 색상을 이용하여 바른다.
- **Shading** : 베이스보다 1톤 어둡게 또는 필요하다면 생략가능하다.

2) Point Make-up

(1) Eye Make-up

① Eye Brow

- 모발의 색상에 맞게 섀도우나 펜슬을 이용하여 모델의 눈썹형태에 맞게 눈썹결을 따라 자연스럽게 그려준다.

② Eye Shadow

- 자연스럽고 부드러운 눈매연출
- Color : 베이지, 아이보리, 브라운, 페일 톤 또는 브라이트 톤

③ Eye Liner

- 펜슬 또는 젤 라이너를 이용하여 자연스럽게 그려준다.

④ Mascara

- 블랙 또는 브라운, 투명마스카라를 이용하여 최대한 컬을 살려서 올려준다.

아이메이크업에서 가장 중요한 것은 섀도우의 자연스러운 색깔 선택과 그라데이션이 잘 되어야 자연스러운 눈매연출이 가능하다.

(2) Lip Make-up

- 입술 색과 가장 유사한 컬러 또는 메이크업 테마에 맞게 선택한다.

(3) Cheek Make-up

- 두드러지지 않게 얼굴형에 맞게 혈색을 주는 정도로만 해준다.

3) Finish Make-up

- 리터치는 생략가능하다.
- 남아있는 파우더의 잔여물을 털어내고 마무리한다.

2. Spring Make-up

1) Image

- 산뜻하고 발랄하며, 생명감, 생동감의 느낌으로 가볍고 화사하게 표현
- 자연스럽게 얼굴선보다는 면을 강조
- 모이스춰(Moisturizer) 질감으로 촉촉하게 표현

2) Color

- 고명도, 저채도의 파스텔 톤
- 그린, 핑크, 옐로우, 오렌지 계열이 중심컬러
- 유사대비나 부드러운 보색대비를 이용

[봄의 컬러]

3) Base Make-up

(1) Make-up base

- 피부 톤에 따라 색상을 선택

(2) Base

- 피부타입에 따라 리퀴드 또는 크림타입의 제품을 선택
- 차분하며 얇고 투명하게 내추럴 한 피부로 표현
- 피부 톤에 맞게 가볍고 화사하게 표현 시에는 모델의 피부 톤보다 한톤 밝게 하여 입체감을 표현
- 피부 톤이 두껍게 표현되지 않게 주의
- 파우더 처리는 뭉침이 없는 자연스럽고 촉촉한 질감으로 표현

4) Point Make-up

(1) Eye Make-up

① Eye Brow

- 모델의 모발 톤에 맞게 색상을 선택
- 모델의 눈썹 형태를 살려서 약간 두껍고 자연스럽게 그려준다.
- 활동적이며 젊은 감각을 표현할 경우 상승형의 눈썹 형을 선택

② Eye Shadow

- 전체적으로 입체감을 강조하기 보다는 가볍운 색감을 느낄 수 있도록 부드럽게 터치
- 이미지 컬러(옐로우, 핑크, 그린, 오렌지계열 등)에서 선택하여 유사대비로 무난하고 색상이 두르러 지지 않도록 표현
- 이미지에 따라 섀도우 컬러를 언더라인 까지 연결할 수 있다.

③ liner

- 모델의 눈 모양에 맞추어서 그려준다.
- 자연스럽고 부드러운 눈매 연출할 경우 : 펜슬 + 섀도우
- 뚜렷한 눈매를 표현할 경우 : 젤 타입 또는 붓 타입

④ Mascara

- 길고 볼륨감 있는 속눈썹으로 표현
- 이미지에 따라 인조 속눈썹사용가능

(2) Cheek Make-up

- 핑크 또는 오렌지 계열로 직선적인 느낌보다는 둥근 느낌으로 부드럽게 표현

(3) Lip Make-up

- 라인을 강조하기 보다는 부드러운 색감을 표현
- 색상은 섀도우 컬러를 고려하여 연하고 밝은 고명도 저채도의 컬러를 선택
- 립글로스를 덧발라 입체감을 부여

5) Finish Make-up

- 피니쉬 파우더로 하이라이트와 섀딩을 자연스럽게 리터치 한다.

3. Summer Make-up

1) Image

- 건강하고 활동적이며 시원하고 상쾌한 동적이미지로 표현
- 눈과 입술 중에 한곳에 포인트를 주는 원 포인트 메이크업으로 연출

2) Color

- 중명도, 고채도의 컬러로 선명한 유사 색을 사용 – 시원하고 산뜻한 느낌
- 저명도, 고채도의 컬러를 이용한 보색 대비을 사용 – 대담하고 개성적인 느낌
- 블루, 화이트 등의 한색계열과 펄을 사용

[여름 컬러]

3) 질감

- 파우더리(Powderly)한 질감으로 표현

4) Base Make-up

(1) Make-up base

- 자외선 차단제가 함유된 제품
- 피부타입에 따라 젤 타입 사용가능

(2) Base

- 밝고 투명한 이미지로 표현하거나 이미지에 따라 태닝(Tanning)한 듯 한 건강한 피부로 표현가능
- 태닝한 피부표현을 위하여 오클계의 파운데이션 또는 골드 펄 입자가 함유되어 있는 제품을 사용
- 메이크업이 쉽게 지워 질 수 있으므로 얇고 자연스러운 입체감 있는 피부로 표현
- 자외선 차단과 수분에 강한 방수제품을 사용

5) Point Make-up

(1) Eye Brow

- 색상이 너무 진하면 더워 보이므로 자연스러운 눈썹으로 표현
- 눈썹 산을 각지게 처리하거나 상승 형 또는 일자형으로 그려주어 개성 있고 시원한 눈매를 연출

(2) Eye Make-up

① Shadow

- 여름 이미지 컬러(화이트 블루계열)를 이용하여 시원해 보이도록 연출
- 눈매가 커 보이고 싶을 경우 언더라인까지 이어지게 표현

② liner, mascara

- 방수타입의 제품을 선택
- 섀도우 색상과 맞추어 시원하고 청량감 있는 눈매 연출
- 이미지에 따라 인조속눈썹 사용가능

(3) Cheek Make-up

- 음영정도만 느낄 정도로 엷게 바른다.
- 피부에 혈색이 없을 경우 가볍게 터치해주거나 더워 보일 수 있으므로 생략 가능

(4) Lip Make-up

- 여성적인 분위기를 연출 할 경우 : 연한 핑크, 누드계열의 채도가 낮은 색상 또는 펄감이 있는 립스틱
- 화려하고 활동적인 분위기를 연출한 경우 : 선명한 레드계열의 색상

  * 입술을 강조할 경우 섀도우의 색상은 강하지 않게 표현

6) Finish Make-up

- 마무리는 생략가능하다.
- 얼굴과 목의 경계가 생기 않도록 확인하고 정리해준다.

4. Autumn Make-up

1) Image

- 차분하고 지적이며 성숙하고 사색적인, 풍요롭고 안정감 있는 이미지로 표현
- 입체감을 주면서 깊이감 있는 메이크업으로 연출

2) Color

- 브라운(Brown), 다크 옐로우(Dark Yellow), 다크 오렌지(Dark Orange), 벽돌색 – 세련된 이미지
- 카키, 골드 – 화려한 이미지 연출가능
- 가을 색감을 사용하여 유사 색 대비

[봄의 컬러]

3) 질감

- 소프트한 크리미 타입(Soft Creamy Type)

4) Base Make-up

(1) Make-up base

- 베이지 계열의 메이크업 베이스를 선택하여 피부톤을 정리

(2) Base

- 파운데이션은 커버력이 있고 유분과 수분이 적당히 배합된 제품을 선택
- 차분한 피부표현을 위해서는 아이보리나 베이지계열의 웜 톤(Warm tone)을 사용
- 피부 톤보다 밝지 않게 표현해주고 입체감을 살려준다.

5) Point Make-up

(1) Eye Make-up

① Eye Brow

- 눈썹 결을 최대한 살려 자연스럽게 그려준다.
- 아치형으로 가늘고 긴 듯 하게 그려주면 여성적인 이미지로 연출

② Eye Shadow

- 다색을 사용하여 풍성한 이미지로 표현하고 깊이감 있는 눈매로 연출
- 가을 이미지 컬러를 이용하여 유사색 대비로 그라데이션을 철저히 해준다.
- 골드 계열을 사용하면 고급스러운 분위기로 표현할 수 있다.

- 언더라인까지 연결하여 깊은 눈매로 연출한다.

③ Eye liner

- 가늘고 길게 그려 정적인 분위기로 연출
- 제품은 표현하고자 하는 이미지에 맞추어 선택

④ Mascara

- 숱이 많아 보이도록 정교하게 컬을 해주어 풍성한 눈매로 연출
- 인조 속눈썹을 사용하여 더욱 깊이감 있는 눈매를 표현할 수 있다.

(2) Cheek Make-up

- 오렌지 계열(혈색이 없는 경우), 브라운계열로 광대뼈 밑으로 샤프한 느낌으로 터치

(3) Lip Make-up

- 섀도우 컬러를 고려하여 부드러운 색조로 볼륨감 있게 표현

6) Finish Make-up

- 얼굴과 목의 경계부분, 눈매, 입매를 정리해준다.
- 파우더로 전체적으로 마무리해준다.
- 피니쉬 파우더를 이용하여 하이라이트와 섀이딩을 리터치 해준다.

5. Winter Make-up

1) Image

- 따뜻하고 밝은, 여성적이고 성숙하며, 심플하면서도 모던한 이미지로 연출
- 의상 색이 어두운 경우가 많으므로 메이크업은 밝고 화사하게 표현
- 메이크업의 강도가 가장 높은 계절로 입체감을 중시하며 선을 강조

2) Color

- 딥 레드, 적갈색, 와인계열의 난색계열
- 고채도, 저명도의 색조이고 유사 색을 많이 사용

[겨울의 컬러]

3) 질감

- 하드 크리미 타입(Hard Creamy Type)

4) Base Make-up

(1) Make-up base

- 화사한 피부표현을 할 수 있는 메이크업베이스 색상 선택

(2) Base

- 파운데이션은 유분과 수분이 있는 제품으로 선택
- 베이스의 두께는 의상의 두께와 비례함으로 다수 두껍게 표현
- 전체적으로 밝은 느낌과 혈색 있는 느낌이 들도록 핑크계열의 파운데이션을 사용
- 파우더 처리는 소량을 사용하여 유분기만 제거

5) Point Make-up

(1) Eye Make-up

① Eye Brow

- 이미지에 맞추어 선을 강조하여 그려준다.
- 이지적인 이미지로 표현 할 경우 사선이나 각진 형태의 눈썹이 적당

② Eye Shadow

- 겨울 이미지컬러를 이용하여 상황에 맞게 연출
- 컬러를 많이 사용하지 않고 대비효과로 입체감을 표현

③ liner

- 눈 꼬리 끝을 약간 길게 빼준다.
- 선을 강조하기 위하여 라인도 진하게 강조해준다.

④ Mascara

- 속눈썹의 풍부함을 강조해 주거나 인조 속눈썹을 연출해주어 깊이 감 있는 눈매로 연출

(2) Cheek Make-up

- 사계절 중 가장 강조하는 시기
- 수정효과보다는 건강미와 혈색을 강조
- 볼 뼈를 중심으로 블러셔 방향을 사선으로 해주면 이지적인 이미지로 표현

(3) Lip Make-up

- 아이보다는 립이 강조되는 립 메이크업에 중점
- 입체감을 강조해주고 입술보호 목적으로 립글로스를 사용
- 샤프한 느낌을 원한다면 입술 모양은 스트레이트 형 그린다.
- 입술의 볼륨감과 여성스러운 느낌을 원한다면 아웃커브로 그린다.

6) Finish Make-up

- 전체적으로 파우더를 터치하여 마무리해준다.
- 피니쉬 파우더를 이용하여 하이라이트와 섀도우를 리터치 한다.

6. 한복 메이크업 (Hanbok Make-up)

우리 전통의상인 한복은 고전적인 선과 화사한 색상으로 여성스럽고 화려하다. 메이크업의 색상은 한복의 저고리의 깃과 고름 색상에 맞추어 주고 한복의 부드러운 곡선과 조화를 이루도록 부드러운 느낌을 살려 메이크업을 하는 것이 중요하다. 고전적인 느낌과 단아하고 아름다운 이미지를 느낄 수 있도록 너무 강하지 않게 하도록 한다.

1) Base Make-up

- 메이크업 베이스를 발라 피부 톤을 화사하게 표현해주고 파운데이션을 이용하여 밝고 화사한 피부 톤을 연출하고 투명파우더를 사용한 깨끗한 피부 톤으로 마무리해준다.

2) Point Make-up

(1) Eye Make-up

① Eye Brow

- 눈썹은 한복의 부드러운 곡선에 맞추어 눈썹 산이 각이 지지 않도록 눈썹 결을 따라 한 올 한 올 심듯이 자연스럽게 그려준다.

② Eye Shadow

- 한복의 깃과 고름 색상을 고려하여 은은하고 단아한 이미지로 표현한다.
- 한복의 색상과 조화를 이루는 색을 선택하여 대비계열이나 유사계열 색상으로 포인트를 준다.

③ Eye Liner, Mascara

- 아이라인은 가늘게 점막을 메꾸어 주듯이 그려준다.
- 마스카라를 이용하여 속눈썹을 올려주고 인조속눈썹을 붙여 단아한 눈매를 만들어 준다.

(2) Cheek Make-up

- 립 동일계열의 색상으로 광대뼈가 강조되지 않도록 우아하고 은은하게 연출한다.

(3) Lip Make-up

- 립 라인의 모양은 입술형태를 고려하여 입술이 각지지 않게 둥근 형태의 입술이 되도록 그려주고 한복 저고리 색상과 어울리는 색을 선택하여 바른다.

3) Finish Make-up

- 전체적으로 파우더를 터치하여 마무리해준다.
- 피니쉬 파우더를 이용하여 하이라이트와 섀도우를 리터치 한다.

7. 웨딩메이크업 (Wedding Make-up)

신부의 이미지와 계절, 피부 톤, 예식장에 맞는 드레스와 메이크업을 선택하여야 한다. 드레스를 입는 신부의 모습이 하얀 꽃처럼 화사하고 청순하여야 하며 숭고하면서 사랑스러워야 한다. 너무 지나친 메이크업보다는 평상시 메이크업처럼 하되 한 단계 높인다고 생각하면 된다. 베이스 단계가 가장 중요한 부분을 차지하며 주근깨나 잡티, 기미 등의 피부결점을 컨실러를 이용하여 꼼꼼히 커버해 주어야 청순한 신부의 이미지를 연출 할 수 있다. 또한 결혼식, 폐백, 사진촬영 등의 장시간 일정에 화장이 지워지거나 번지는 일이 있어서는 안 되므로 지속력과 보완에 신경을 써야 한다. 특히 신부의 단점을 보완하고 장점을 극대화시켜 아름다움을 최대한 표현해 주어야 한다.

1) Base Make-up

- 신부의 연령대를 충분히 고려하여 혈색이 느껴지도록 화사하게 표현하여준다.
- 어린 신부일 경우 깨끗하고 맑은 피부의 느낌을 최대한 살려준다.
- 나이가 든 신부일 경우 컨실러 제품으로 기미, 주근깨, 잡티를 깨끗이 커버하고 윤곽 수정을 한 후 얼굴의 주름이 드러나지 않도록 신경써서 메이크업한다.

2) Point Make-up

(1) Eye Make-up

① Eye Brow

- 너무 각지지 않은 모양으로 신부의 얼굴형에 맞추어 그려준다.
- 부드러운 이미지를 살릴 수 있도록 회색, 갈색 계열을 섞어 진하지 않도록 그려준다.
- 색상이 너무 연할 경우 빛에 의해 본래의 색보다 엷어 보일 수 있으므로 주의한다.

② Eye Shadow

- 베이스나 메인 컬러가 너무 선명하거나 너무 밝은 경우 자칫 눈이 부어 보이거나 입체감을 잃을 수 있으므로, 신부의 이미지를 고려하여 부드럽게 조화되는 색상을 선택하여 여러 번에 걸쳐 덧발라 표현해 주는 것이 중요하다.

③ Eye Liner

- 눈의 형태를 고려하여 최대한 가늘고 부드럽게 그려준다.
- 언더라인은 펜슬타입이나 섀도우로 표현하는 것이 일반적이나 신부의 눈매가 강한 경우 언더라인을 생략하고 아이섀도우만으로 자연스럽게 표현 한다.

④ Mascara

- 신부 본래의 속눈썹을 아래쉬 컬러를 이용하여 올려 주고 마스카라를 한다.
- 인조속눈썹은 신부의 속눈썹 상태(길이, 숱의 양)를 고려하여 붙이거나 심어준다. 이때 신부 본래의 속눈썹과 인조속눈썹이 일치되어 어색하지 않도록 마스카라로 정리한다.

(2) Cheek Make-up

- 신부의 성숙하고 우아한 이미지를 표현할 수 있도록 은은하고 화사하게 표현한다.

(3) Lip Make-up

- 입술 선은 여성스러움과 부드러움이 표현되게 입술형태를 고려하여 펜슬로 먼저 그린 후 립스틱으로 깔끔하게 표현하다.
- 신부의 피부에 다소 잡티가 있는 편이라면 짙은 와인색이나 레드 색을 칠해주어 시각적으로 시선을 입술에 머물게 함으로써 피부잡티를 커버할 수 있게 한다.

3) Finish Make-up

- 얼굴 전체에 파우더를 리터치하여 준다.
- 얼굴과 목과 경계가 없게 정리하여 주고, 어깨가 나와 있는 부분은 피부의 유분이 남아 있지 않게 콤팩트로 정리하여 준다.
- 피니시 파우더를 이용하여 하이라이트와 섀도우를 리터치하여준다.

Tip. 웨딩메이크업 시 유의 사항

- 신부의 연령대를 충분히 고려하여서 메이크업을 시술하도록 한다. 보통 어린 나이의 신부일 경우는 깨끗하고 맑은 피부를 최대한 살려서 메이크업 하는 것이 바람직하고 반대로 나이가 든 신부일 경우는 피부의 잡티를 깨끗이 감추고 얼굴의 표정 주름이 드러나지 않도록 신경써서 메이크업을 진행한다.

- 신부의 메이크업 톤을 결정할 때는 먼저 신분에게 평소 본인이 즐겨하는 메이크업 컬러와 스타일을 미리 체크해 두었다가 이를 최대한 반영해서 메이크업을 해야 신부가 어색함을 덜 느낀다.

- 신부의 결혼식 장소에 따라서도 메이크업 톤을 정 할 수 있다. 예를 들어 실내에서 결혼을 할 경우 실내의 조명이 어떠한지를 미리 염두 해 두고 메이크업을 해야 하고, 야외 결혼식일 때는 아무래도 자연광선이므로 메이크업 역시 자연스럽게 해 주는 것이 바람직하다.

- 신부의 드레스 색상, 얼굴형태, 피부상태, 헤어스타일, 예식장소 등이 모든 것을 수렴해서 메이크업에 임해야지만 가장 아름다운 신부로 만들 수 있다.

Tip. 장소에 따른 웨딩메이크업

1) 야외

- 햇빛이 쏟아지는 자연에서 하는 야외 촬영은 아무래도 훨씬 자연스럽고 투명한 느낌이 나는 것이 사진이 더 멋스럽기 때문에 파운데이션을 과하게 쓰지 않고 촉촉한 느낌이 날 정도만 사용하여 투명 메이크업을 하는 것이 포인트
- 립스틱이나 아이섀도도 강렬한 색상보다는 파스텔 톤의 은은한 것을 선택
- 헤어스타일은 보통 반 묶음 스타일로 찰랑찰랑한 느낌과 율동성 있는 분위기로 발랄한 이미지에 적합하고, 고전적이면서도 우아한 업스타일은 신부의 목선을 강조하여 더욱 고급스러운 분위기를 연출

2) 일반 웨딩홀

- 웨딩홀의 조명은 노란기가 많은 샹들리에와 할로겐을 사용하는데다가 아주 밝은 빛이 비추므로 피부 톤은 신부의 피부 톤과 같은 톤으로 하되 약간 붉은 기를 더해주면(노란 조명 아래서는 얼굴이 노랗게 보임) 밝고 화사해 보임
- 립스틱은 펄 핑크빛이 도는 밝은 핑크 빛 계열이 일반적이며 드레스 디자인과 분위기도 고려해 색을 선정
- 헤어 연출은 깔끔하게 업스타일로 올려 주고 옆머리, 뒷머리를 모아 웨이브를 살려 볼륨감을 연출
- 가장 중요한 것은 신부의 얼굴형에 맞는 헤어 연출을 하는 것

3) 교회, 성당 예식

- 교회나 성당은 조명이 대체로 어두우므로 어두운 조명에서 신부의 얼굴을 살리기 위해서는 화사하게 연출한
- 피부 톤은 자신의 피부 톤보다 한 단계 밝게 표현해주되 베이스 메이크업은 얼굴에 음영을 넣어 윤곽을 뚜렷하게 보이도록 하고 눈썹은 짙고 가늘게 표현

- 입술은 윤곽을 또렷하고 선명하게 나타낼 수 있는 와인, 와인 브라운, 다홍색 등을 선택
- 헤어는 머리를 깔끔하게 올려주고 화려하고 우아한 큐빅 왕관이나 헤어피스로 포인트를 주어 연출

4) 호텔 예식

- 웨딩홀과 같이 약간 붉은 기를 더해주어 화사하게 보이도록 하고 장소가 넓은 경우에는 섀이딩을 주어 윤곽을 뚜렷하게 표현
- 우아한 핑크빛 계열 메이크업도 적당
- 헤어연출은 고급스러우면서 우아한 분위기의 헤어스타일이 제격이며 앞머리는 올려 업스타일로, 머리 탑 부분은 화려하면서 볼륨감 있게 표현하여 우아함 살려서 연출

8. 스모키메이크업 (Smoky Make-up)

스모키는 '연기 나는, 그을린, 연기 자욱한' 이란 뜻을 가지고 있으며 이 메이크업 패턴은 성숙하고 도발적인 섹시미를 강조한 메이크업이다. 패션쇼 메이크업에서 시작하여 최근에는 내추럴 메이크업으로 응용될 정도로 대중화되어 있다. 또한 그윽하고 깊어 보이는 연출 때 많이 사용되며 광고나 잡지 촬영 시 많이 응용되고 있다. 특히, 눈을 강조하는 메이크업으로 입술이나 다른 부분들은 내추럴하게 표현해주어야 하고 전체적으로 깔끔하게 마무리 되어야 한다.

1) Base Make-up

- 리퀴드파운데이션을 이용하여 모델의 피부 톤에 맞게 하여 얇게 여러 번 골고루 펴 바른다.
- 컨실러를 이용하여 기미나 잡티를 커버해 깨끗한 피부를 만든다.
- 피부 질감은 이미지에 따라 글로시하게 또는 매트하게 표현할 수 있다.

2) Point Make-up

(1) Eye Make-up

① Eye Brow

- 눈을 강조하기 때문에 모델의 눈썹을 최대한 살려 자연스럽게 표현
- 눈썹의 색상이 강하지 않도록 주의

② Eye Shadow

- 눈썹 뼈 부분에 아리보리나 화이트 색상으로 하이라이트를 해준다.
- 소프트한 블랙펜슬을 이용하여 눈의 점막부분과 속눈썹 라인에 그려 그라데이션한다.
- 브라운 펄 섀도우+블랙, 그레이+블랙 펄 섀도우, 골드+블랙 섀도우 등을 혼합하여 가볍게 언더까지 그라데이션을 하여 눈매를 표현한다.
- 아이 홀 위로 올라가지 않도록 하고 눈 꼬리를 조금 길게 빼서 동그랗지 않게 표현한다.

③ Mascara

- 눈의 깊이를 더하기 위해 마스카라를 여러 번 덧칠해준다.
- 인조 속눈썹을 붙여 볼륨감을 준다.

(2) Cheek Make-up

- 누드 핑크나 누드브라운 계열의 색상으로 자연스럽게 표현한다.

(3) Lip Make-up

- 베이지나 누드 톤의 색상을 이용하여 매트 한 입술로 표현한다.
- 라인을 강조해서는 안 된다.
- 시선을 입으로 가지 않도록 한다.

3) Finish Make-up

- 전체적으로 파우더를 터치하여 마무리해준다.
- 피니쉬 파우더를 이용하여 하이라이트와 섀도우를 리터치 한다.

9. 에스닉 메이크업 (Ethnic Make-up)

에스닉의 뜻은 '민족주인, 민속학적인, 이교도의'라는 뜻을 가진다. 에스닉풍은 이국적인 이미지와 경향을 일컫는 말로 세계 여러 민족의 의상이나 고유의 직물, 염색, 자수, 액세서리 등에서 영감을 얻어 자연스럽고 소박한 느낌을 강조한 메이크업을 말한다. 인종에 따른 신체적 요건과 풍습, 전통 문화의 요인에 따라 다르고 자연적 요인에 따라 다른 느낌을 지닌다.

에스닉 이미지는 주로 중동지방, 중남미 잉카문명, 인도와 인도네시아, 중국, 한국, 일본 등의 지역을 들 수 있다.

인도적인 분위기는 인도의 사리에서 사용했던 색의 핑크빛 레드와 골드로 표현할 수 있으며, 오방색(청, 백, 황, 적, 흑)과 백색으로 한국적 이미지를, 아프리카 지역은 검은색, 베이지, 황토색으로 표현한다.

1) Base Make-up

- 표현하고자 하는 민족의 피부 톤에 맞춘다.
- 인도, 이집트, 중동, 아프리카의 경우 다소 어두운 갈색이나 태닝 한 듯한 피부로 표현한다.
- 중국, 일본 등의 동양의 피부 톤은 밝은 베이지나 화이트 파운데이션을 첨가하여 밝게 표현한다.

2) Point Make-up

(1) Eye Make-up

① Eye Brow

◦ 각 국가별 특성에 맞게 표현해주고 동양적인 느낌을 나타내고자 할 때는 가늘고 섬세하게 표현해준다.

◦ 눈을 강조하는 메이크업을 할 경우 눈썹을 그리지 않아도 되고 때에 따라 염색을 하여 색상을 표현해 주어도 된다.

② Eye Shadow

◦ 옐로, 오렌지, 골드 등이 강한 의상 컨셉의 색상이나, 민족을 상징하는 색을 사용하여 자연스럽게 펴 바른 후 리퀴드아이라이너를 이용하여 특성에 맞게 눈매를 그려준다.

(2) Cheek Make-up

- 라이트 계열의 색상으로 둥근 형태를 살려 섀도우랑 연결시켜 혈색을 준다.
- 인도나 중국풍은 골드 빛 펄 파우더를 이용하여 한층 에스닉한 분위기를 살려준다.

(3) Lip Make-up

- 레드계열이나 오렌지, 다크 브라운계열로 선명한 입술을 표현하고 골드 펄이나 코랄 컬러 펄을 사용하여 하이라이트를 준다.

3) Finish Make-up

- 전체적으로 파우더를 터치하여 마무리해준다.
- 피니쉬 파우더를 이용하여 하이라이트와 섀도우를 리터치 한다.

10. 윤광 메이크업

윤광메이크업은 피부에 윤기를 주어 번들거리는 질감으로 표현해 주는 메이크업으로 펄 또는 오일을 피부에 발라 윤기 있는 피부로 표현하여 여성스럽고 부드러운 이미지로 표현하는 메이크업이다.

1) Base Make-up

- 펄이 가미된 메이크업 베이스를 이용하여 피부 톤을 조절한다.
- 글로시한 피부 톤을 표현하기 위해 펄 베이스와 리퀴드 파운데이션을 믹스하여 베이스처리 해준다.
- T존 부위와 눈썹 뼈, 눈 밑의 하이라이트 부위는 골드 톤을 이용하여 하이라이트를 강조한다.
- 펄 파우더를 붓에 소량 묻혀 가볍게 터치하여 주고 하이라이트 부위는 더욱 강조하여 준다.

2) Point Make-up

(1) Eye Make-up

① Eye Brow

◦ 내추럴한 이미지는 본인의 눈썹 그대로 그려준다.

◦ 로맨틱한 이미지는 아치형으로 그려준다.

◦ 보이시한 느낌은 일자형으로 그려준다.

② Eye Shadow

◦ 펄이 함유된 크림섀도우를 이용하여 눈 주위에 그라데이션하여 발라준다.

◦ 쌍꺼풀 라인에 펄 감이 있는 브라운 계열의 섀도우로 은은하면서 깊이 있는 눈매를 만들어 준다.

③ Eye Liner

◦ 블랙색상의 펜슬 아이이너로 점막을 꼼꼼히 채우며 얇게 그려준다.

④ Mascara

◦ 마스카를 이용하여 위 속눈썹과 언더 속눈썹을 볼륨감 있게 올려 주어 또렷한 눈매로 눈에 포인트를 준다.

(2) Cheek Make-up

• 크림 타입의 블러셔로 잘 펴주도록 한다.

(3) Lip Make-up

• 립글로스와 립스틱을 섞어 입술을 촉촉하게 표현해준다.

* 립스틱의 양보다 립글로스이 양을 더 많이 사용하여 섞어준다.

3) Finish Make-up

- 피니쉬 파우더를 이용하여 하이라이트와 섀도우를 리터치 한다.

11. 물광 메이크업

물(水)광(光)이란 뜻이 의미하는 것처럼 샤워하고 막 나와 촉촉하면서도 반짝거리는 피부처럼 자연스럽게 윤이 나는 메이크업을 말한다. 또한, 물광과 번들거림은 혼동하지 말아야 한다. 번들거림은 유분을 물광은 수분을 의미하는 것이며 물광 메이크업은 보습 스킨케어와 아주 작은 잡티까지도 자연스럽게 잘 감춰진 완벽한 베이스 메이크업이 아주 중요하다.

1) Base Make-up

- 수분크림과 펄이 함유된 메이크업베이스를 사용하여 피부 톤을 조절한다.
- 본인의 피부 톤에 맞는 리퀴드 파운데이션과 수분크림을 섞어 발라준다.
- 아주 소량의 파우더만 사용하여 브러시로 눈두덩이 주위만 발라준다.

2) Point Make-up

(1) Eye Make-up

① Eye Brow

◦ 본의 눈썹을 그대로 살려 자연스럽게 그려준다.

② Eye Shadow

◦ 베이지나 코럴 등의 자연스러운 컬러를 선택하는 것이 좋다.

◦ 크림 타입의 섀도우를 이용하여 자연스럽게 발라주고, 깔끔함을 유지하기 위해 섀도우를 생략하여도 무방하다.

③ Eye Liner

◦ 검은색 라인을 이용하여 점막 사이사이를 꼼꼼히 메꾸어 준다.

④ Mascara

◦ 검은색 마스카라를 이용하여 눈매를 또렷하게 해준다.

(2) Cheek Make-up

- 크림 타입을 선택하여 볼을 감싸듯이 펴 발라준다.

(3) Lip Make-up

- 립글로스를 이용하여 입술에 물을 머금은 듯 글로시하고 촉촉하게 표현해준다.

3) Finish Make-up

- 피니쉬 파우더를 이용하여 하이라이트와 섀도우를 리터치 한다.

12. 페일 메이크업 (Pale Make-up)

페일(Pale) 메이크업은 '얇다, 흐리다, 약하다'라는 의미로 '창백한, 생기 없는'의 뜻을 내포하고 있으며 전체적으로 흰 빛이 많이 도는 얇게, 흐리게 하는 것이 특징인 메이크업이다. 또한 눈 주위의 하이라이트는 얼굴의 인상을 밝고 환한 인상으로 연출해 준다.

1) Base Make-up

- 베이스 메이크업은 본인의 피부 톤 보다 한 톤 밝은 파운데이션을 사용해 화사한 느낌의 피부를 표현하여 준다.
- 로션과 리퀴드파운데이션을 섞어 투명하고 맑은 피부 톤으로 표현한다.
- 피부의 결점은 컨실러를 사용해 꼼꼼하세 커버하여 페일 스킨 표현을 해준다.
- 투명파우더나 백색파우더를 사용하여 하얗게 표현해준다.

2) Point Make-up

(1) Eye Make-up

① Eye Brow

- 자연 그대로의 눈썹을 최대한 살려준다.

② Eye Shadow

- 파스텔 계열의 컬러를 한 가지만 선택하여 눈꺼풀 전체에 펴 발라주는 원포인로, 깊이 있는 눈보다는 천진한 눈매를 이미지로 연출한다.
- 눈썹 뼈 부분에 흰색으로 하이라이트를 준다.

③ Mascara

- 검은색 마스카라를 이용하여 눈매를 또렷하게 해준다.

(2) Cheek Make-up

- 볼은 야윈 모습의 창백한 이미지를 강조하기 위해 페일 컬러의 치크를 사용한다.
- 섀도우의 색상과 같은 색상으로 사선느낌으로 터치한다.

(3) Lip Make-up

- 립스틱은 누디한 색상의 라이트 핑크나 코럴 컬러를 입술라인의 정리 없이 자연스럽게 표현하고 립글로스를 중앙 부분 안쪽에만 한번 더 발라 자연스럽게 한다.

3) Finish Make-up

- 피니쉬 파우더를 이용하여 하이라이트와 섀도우를 리터치 한다.

Ⅵ. NCS 기반 메이크업

1. 직무개요

1) 직무의 정의

메이크업은 특정한 상황과 목적에 맞는 이미지, 캐릭터 창출을 목적으로 이미지분석, 디자인, 메이크업, 뷰티코디네이션, 후속관리 등을 실행함으로써 얼굴 · 신체를 연출하고 표현하는 일이다.

2) 능력단위별 능력단위 요소

직무	능력단위/책무(Duty)	능력단위코드
1. 1201010301_16v3 2. 메이크업 위생관리	3. 메이크업 위생관리하기 4. 메이크업 재료 · 도구 위생관리하기 5. 메이크업 작업자 위생관리하기	7. 1201010301_16v3.1 8. 1201010301_16v3.2 1201010301_16v3.3
8. 1201010340_16v1 9. 메이크업 고객서비스	10. 방문 고객 응대하기 11. 전화 상담 고객 응대하기 12. 불만 고객 응대하기	1201010340_16v1.1 1201010340_16v1.2 1201010340_16v1.3
13. 1201010312_16v3 14. 메이크업 카운슬링	15. 얼굴특성 파악하기 16. 메이크업 디자인 제안하기	1201010312_16v3.1 1201010312_16v3.2
17. 1201010313_16v3 18. 퍼스널이미지 제안	19. 퍼스널컬러 파악하기 20. 퍼스널 이미지 제안하기	1201010313_16v3.1 1201010313_16v3.2

직무	능력단위/책무(Duty)	능력단위코드
21. 1201010315_16v3 22. 메이크업 23. 기초화장품 사용	24. 기초화장품 선택하기 25. 기초화장품 사용하기	1201010315_16v3.1 1201010314_16v3.2
26. 1201010316_16v3 27. 베이스메이크업	28. 피부표현 메이크업하기 29. 얼굴윤곽 수정하기	1201010316_16v3.1 1201010316_16v3.2
30. 1201010317_16v3 31. 색조메이크업	32. 아이브로우 메이크업하기 33. 아이 메이크업하기 34. 립&치크 메이크업하기	1201010317_14v3.1 1201010317_14v3.2 1201010317_14v3.3
1201010321_16v3 웨딩이미지 제안	웨딩이미지 파악하기 웨딩메이크업 이미지 제안하기	
1201010322_16v3 리허설 웨딩메이크업	스튜디오 메이크업하기 야외촬영 메이크업하기	1201010322_16v3.1 1201010322_16v3.2
1201010323_16v3 본식 웨딩메이크업	신랑신부 본식 메이크업하기 혼주 메이크업하기	1201010323_16v3.1 1201010323_16v3.2
1201010341_16v1 응용 메이크업	패션이미지 메이크업 제안하기 패션이미지 메이크업 하기	1201010341_16v1.1 1201010341_16v1.2
1201010342_16v1 트랜드메이크업	트랜드 조사하기 트랜드 메이크업 하기 시대별 메이크업 하기	1201010342_16v1.1 1201010342_16v1.2 1201010342_16v1.3

2. 능력단위별 세부내용

분류번호 : 1201010312_16v3

능력단위 명칭 : 메이크업 카운슬링

능력단위 정의 : 메이크업 카운슬링이란 상담을 통해 고객의 얼굴특성, 피부상태, 고객의 요구를 파악하여 고객에게 메이크업 디자인을 제안하는 능력이다.

능력단위요소	수 행 준 거
1201010312_16v3.1 얼굴특성 파악하기	1.1 관찰, 질문 등을 통해 얼굴형태, 이미지, 특성 등을 진단지에 기록할 수 있다 1.2 고객요구, 스타일, 콘셉트 등을 고려하여 얼굴 특성을 파악할 수 있다
	【지 식】 ◦ 얼굴 골격과 근육에 대한 지식 ◦ 얼굴 피부에 대한 지식 ◦ 고객 심리에 대한 지식 ◦ 고객 상담 원리와 기법
	【기 술】 ◦ 얼굴의 비율, 균형, 형태 등을 파악하는 기술 ◦ 피부 톤, 피부유형 등을 파악하는 기술 ◦ 고객의 심리를 편안하게 만드는 기법 ◦ 고객 요구파악 기법
	【태 도】 ◦ 얼굴특성을 파악하기 위한 분석적 태도 ◦ 얼굴특성의 장단점을 정확하게 분석하려는 태도 ◦ 고객의 요구사항을 충실히 이해하려는 태도 ◦ 고객의 심리적, 정서적 특성을 이해하려는 태도

<table>
<tr><th>능력단위요소</th><th>수 행 준 거</th></tr>
<tr><td rowspan="4">1201010312_16v3.2
메이크업 디자인 제안하기</td><td>2.1 고객의 요구와 얼굴 특성을 반영한 메이크업 시안을 고객에게 설명할 수 있다.
2.2 고객의 요구를 반영하여 메이크업 디자인을 제안할 수 있다.</td></tr>
<tr><td>【지 식】
◦ 색채에 대한 지식
◦ 메이크업 트렌드 지식
◦ 코디네이션 지식
◦ 패션 관련 지식
◦ 메이크업 이미지에 대한 지식
◦ 스타일링 지식</td></tr>
<tr><td>【기 술】
◦ 분석된 이미지 표현 기법
◦ 메이크업으로 얼굴의 장점 부각, 단점 보완 기법</td></tr>
<tr><td>【태 도】
◦ 고객의 심리적, 정서적 특성을 고려하여 제안하려는 태도
◦ 적극적으로 고객에서 설명하려는 자세
◦ 고객의 요구에 대한 존중과 조정하려는 태도</td></tr>
</table>

분류번호 : 1201010313_16v3

능력단위 명칭 : 퍼스널이미지 제안

능력단위 정의 : 퍼스널 이미지 제안은 퍼스널컬러, 스타일 분석을 통해 퍼스널 이미지를 메이크업 디자인에 적용·제안하는 능력이다.

능력단위요소	수 행 준 거
1201010313_16v3.1 퍼스널컬러 파악하기	1.1 고객의 피부, 눈동자, 모발 등의 컬러를 분석하여 진단지에 기록할 수 있다 1.2 고객의 선호색, 트렌드 등을 분석하여 퍼스널 컬러를 파악할 수 있다. 1.3 드레이프를 활용하여 고객에게 어울리는 컬러를 파악할 수 있다.
	【지 식】 ◦ 색채에 대한 지식 ◦ 퍼스널컬러에 대한 지식 ◦ 드레이프 활용에 대한 지식 ◦ 메이크업 트렌드 지식
	【기 술】 ◦ 고객이미지 진단 기법 ◦ 고객스타일 분석 기법 ◦ 고객 연령, 얼굴형, 피부색에 적합한 퍼스널 컬러 진단기법 ◦ 드레이프 활용에 대한 분석 기법
	【태 도】 ◦ 고객이미지, 스타일을 정확하게 분석하려는 태도 ◦ 고객 연령, 얼굴형, 피부색에 적합한 퍼스널 컬러 진단기법 ◦ 고객과의 대화를 통해 고객의 요구를 이해하려는 태도

능력단위요소	수 행 준 거
1201010313_16v3.2 퍼스널 이미지 제안하기	2.1 퍼스널 컬러 진단에 따른 컬러이미지를 제안할 수 있다. 2.2 컬러 이미지에 따른 메이크업, 헤어, 패션 등의 코디네이션을 제안할 수 있다.
	【지 식】 ◦ 색채에 대한 지식 ◦ 메이크업 트렌드 지식 ◦ 코디네이션 지식 ◦ 패션 관련 지식 ◦ 퍼스널 컬러이미지에 대한 지식 ◦ 스타일링 지식
	【기 술】 ◦ 고객의 컬러진단에 따른 퍼스널 이미지 제안 기술 ◦ 고객의 컬러이미지에 따른 메이크업, 헤어, 패션 등의 코디네이션 제안 기술
	【태 도】 ◦ 고객의 심리적, 정서적 특성을 고려하여 제안하려는 태도 ◦ 적극적으로 고객에서 설명하려는 자세 ◦ 고객의 요구에 대한 존중과 조정하려는 태도

분류번호 : 1201010315_16v3

능력단위 명칭 : 메이크업 기초화장품 사용

능력단위 정의 : 메이크업 기초 화장품 사용은 고객의 얼굴 피부상태 및 디자인에 따라 기초화장품을 선택하여 사용할 수 있는 능력이다.

능력단위요소	수 행 준 거
1201010315_16v3.1 기초화장품 선택하기	1.1 피부분석법을 통해 고객의 피부를 진단할 수 있다. 1.2 피부타입별 제품을 선택하여 클렌징을 할 수 있다. 1.3 피부유형에 따라 기초 화장품의 제형을 선택할 수 있다.
	【지 식】 ◦ 피부분석법 ◦ 피부유형 지식 ◦ 클렌징 제품의 목적과 방법 ◦ 클렌징 제품의 특성 ◦ 기초화장품의 종류, 제형, 성분 등의 지식
	【기 술】 ◦ 피부유형에 따른 클렌징 제픔 구분 및 방법 ◦ 고객의 피부상태에 따른 기초화장품 선택 방법
	【태 도】 ◦ 고객의 얼굴 피부상태를 정확히 진단하려는 세심한 태도 ◦ 피부상태 진단에 필요한 도구를 위생적으로 관리, 유지하려는 태도 ◦ 기초화장품별 특성을 세심하게 구분하려는 태도

능력단위요소	수 행 준 거
1201010314_16v3.2 기초화장품 사용하기	2.1 기초화장품을 바르는 순서를 선택할 수 있다. 2.2 피부의 일시적인 이상, 트러블에 대해 조치를 취할 수 있다.
	【지 식】 ◦ 기초화장품에 사용되는 도구 관련 지식 ◦ 피부이상반응 대처방법
	【기 술】 ◦ 기초화장품 도구 활용 기법 ◦ 기초화장품 바르는 순서와 기법
	【태 도】 ◦ 기초화장품을 통해 고객의 피부를 청결하고 건강하게 유지하려는 태도 ◦ 피부이상 반응 시 빠른 대처를 하려는 적극적인 태도

분류번호 : 1201010316_16v3

능력단위 명칭 : 베이스 메이크업

능력단위 정의 : 베이스 메이크업은 피부 이미지 표현을 극대화하기 위하여 색조 메이크업 전 단계로 메이크업베이스에서 파우더까지 실행할 수 있는 능력이다.

능력단위요소	수 행 준 거
1201010316_16v3.1 피부표현 메이크업하기	1.1 얼굴의 피부색 및 피부 톤에 따른 베이스 제품을 구분할 수 있다. 1.2 베이스 제품의 질감, 발림, 밀착성 등을 고려하여 제품을 선택할 수 있다. 1.3 베이스 제품의 특성에 따른 표현 도구를 사용할 수 있다.
	【지 식】 ◦ 베이스제품의 제형, 성분, 색상 등의 지식 ◦ 베이스제품 도구 활용 지식
	【기 술】 ◦ 피부표현 메이크업 기법 ◦ 베이스제품 도구 활용 기술 ◦ 베이스제품 질감, 컬러 등의 표현 기술
	【태 도】 ◦ 고객의 피부상태진단을 위한 세심한 태도 ◦ 피부상태진단에 필요한 도구관리・유지 태도 ◦ 베이스제품별 특성을 정확하게 구분하는 태도

능력단위요소	수 행 준 거
1201010316_16v3.2 얼굴 윤곽 수정하기	2.1 얼굴 피부 유형, 피부 톤 상태에 따른 윤곽 수정 제품을 사용할 수 있다. 2.2 피부의 추가적인 결점 보완을 위한 제품을 선택할 수 있다.
	【지 식】 ◦ 얼굴 피부 유형, 피부 톤 관련 지식 ◦ 피부결점 보완 제품 활용 지식
	【기 술】 ◦ 얼굴 윤곽수정 기술 ◦ 피부결점 보완 기술
	【태 도】 ◦ 얼굴 윤곽 수정에 따른 베이스제품을 구분하는 태도 ◦ 고객의 얼굴 윤곽 수정을 위한 세심한 태도

분류번호 : 1201010317_16v3

능력단위 명칭 : 색조 메이크업

능력단위 정의 : 색조 메이크업은 고객의 얼굴 형태와 특성, 이미지 등과 조화를 이룰 수 있는 아이 브로우, 아이, 립&치크 메이크업을 실행할 수 있는 능력이다.

능력단위요소	수 행 준 거
1201010317_14v3.1 아이브로우 메이크업하기	1.1 눈썹형태, 얼굴형, 디자인 등에 따른 아이브로우 이미지를 구분할 수 있다. 1.2 얼굴형태, 메이크업 디자인을 위한 눈썹을 정리할 수 있다 1.3 아이브로우 이미지 표현을 위해 색상, 형태 등을 수정・보완할 수 있다 1.4 메이크업디자인, 스타일 등에 따른 아이브로우를 표현할 수 있다.
	【지 식】 ◦ 얼굴형태에 따른 눈썹 이미지 표현 지식 ◦ 눈썹결 방향, 위치, 길이, 숱 등을 파악하는 지식 ◦ 아이브로우 관련 제품의 특성
	【기 술】 ◦ 얼굴형에 따른 아이브로우 메이크업 표현 기법 ◦ 아이브로우 수정 보완 기법 ◦ 아이브로우 제품 활용 기술 ◦ 아이브로우 제품의 질감, 컬러 등의 표현 기술
	【태 도】 ◦ 다양한 아이브로우 표현을 연습하는 태도 ◦ 아이브로우 표현 도구, 재료, 제품을 최상의 상태로 관리하는 태도
1201010317_14v3.2 아이 메이크업하기	2.1 재료의 특성에 따른 질감, 발색, 밀착성, 발림성 등을 구분・선택할 수 있다. 2.2 눈의 형태, 결점보완을 위한 아이섀도우를 사용할 수 있다. 2.3 메이크업 디자인에 적합한 눈매를 표현할 수 있다. 2.4 눈의 형태, 눈동자, 모발 및 눈썹 등을 고려하여 아이라인을 표현할 수 있다. 2.5 속눈썹 상태, 메이크업 디자인에 적합한 마스카라 제품을 사용할 수 있다.

능력단위요소	수 행 준 거
1201010317_14v3.2 아이 메이크업하기	【지 식】 ◦ 눈 형태별 아이섀도우 활용 지식 ◦ 눈 형태별 아이라이너 표현 지식 ◦ 속눈썹 상태에 따른 마스카라 활용 지식 【기 술】 ◦ 눈의 형태별 아이섀도우 테크닉 ◦ 눈의 형태별 아이라이너 테크닉 ◦ 속눈썹 상태별 마스카라 테크닉 【태 도】 ◦ 도구, 재료, 제품을 청결히 유지하려는 태도 ◦ 눈 메이크업 표현을 위한 정교하고 섬세한 태도
1201010317_14v3.3 립&치크 메이크업하기	3.1 입술 형태에 따른 립 메이크업을 디자인 할 수 있다. 3.2 입술 형태, 상태에 따른 립 메이크업 제품을 선택할 수 있다. 3.3 입술 형태에 따른 립 메이크업을 수정 보완할 수 있다. 3.4 얼굴 형태, 피부 톤, 메이크업디자인에 따른 치크 메이크업을 디자인 할 수 있다. 3.5 제품 유형별 표현 이미지를 구분하여 치크 메이크업을 실행 할 수 있다. 3.6 메이크업 이미지에 따른 립&치크 컬러를 연출 할 수 있다. 【지 식】 ◦ 립&치크 메이크업제품의 특성에 대한 지식 ◦ 제품의 질감, 발색, 밀착성, 발림성에 대한 지식 ◦ 립&치크 형태에 대한 지식 ◦ 립&치크 제품 재료 성분지식 ◦ 색채 조화, 조색에 관한 지식 【기 술】 ◦ 립&치크 메이크업 표현 기술 ◦ 립&치크 메이크업 컬러 등의 믹싱 기법 【태 도】 ◦ 립&치크 메이크업 도구, 재료를 사용, 활용하려는 태도 ◦ 립&치크 메이크업에 필요한 도구관리유지 태도 ◦ 립&치크 메이크업 제품 청결을 유지하려는 태도

분류번호 : 1201010321_16v3

능력단위 명칭 : 웨딩이미지 제안

능력단위 정의 : 웨딩 이미지 제안은 신랑・신부의 이미지를 돋보이게 하기 위해 본식, 리허설 장소의 특성, 콘셉트 등을 고려하여 웨딩 이미지를 제안할 수 있는 능력이다.

능력단위요소	수 행 준 거
1201010317_14v3.1 아이브로우 메이크업하기	1.1 결혼식 장소의 조명, 크기, 공간디자인 등을 파악할 수 있다 1.2 수집된 정보를 종합 분석하여 고객이 원하는 웨딩 콘셉트를 제시할 수 있다. 1.3 웨딩관련 최신 트렌드와 메이크업정보를 고객에게 설명할 수 있다.
	【지 식】 ◦ 색채에 대한 지식 ◦ 조명에 대한 지식 ◦ 웨딩 트렌드에 대한 지식 ◦ 촬영현장에 대한 지식 ◦ 사진 표현 이미지 관한 지식 ◦ 웨딩 콘셉트 표현에 대한 지식
	【기 술】 ◦ 고객 상담 기법 ◦ 웨딩관련 정보수집・분석 기법 ◦ 웨딩 이미지 표현 기술
	【태 도】 ◦ 고객의 요구에 대한 수용적 태도 ◦ 수집된 정보에 대한 분석적 사고 ◦ 수집된 정보에 대한 종합적 사고

능력단위요소	수 행 준 거
1201010317_14v3.2 아이 메이크업하기	2.1 수집된 정보를 분석하여 웨딩메이크업 이미지와 컬러를 제안할 수 있다. 2.2 다양한 콘셉트의 웨딩 메이크업 시안을 제작할 수 있다. 2.3 웨딩메이크업 이미지 연출을 위한 소품을 제안할 수 있다. 【지 식】 ◦ 색채에 대한 지식 ◦ 웨딩메이크업에 대한 지식 ◦ 웨딩트렌드에 대한 지식 ◦ 웨딩의상, 헤어에 대한 지식 【기 술】 ◦ 웨딩 메이크업 시안 제작 기술 ◦ 고객요구 파악 기법 【태 도】 ◦ 고객의 요구를 주의 깊게 경청하려는 태도 ◦ 고객의 요구를 적극적으로 수용하려는 태도 ◦ 수집된 정보에 대하여 분석적으로 사고하려는 태도 ◦ 수집된 정보에 대하여 종합적으로 사고하여 처리하려는 태도

분류번호 : 1201010322_16v3
능력단위 명칭 : 리허설 웨딩 메이크업
능력단위 정의 : 리허설 웨딩 메이크업은 웨딩앨범제작을 위해 스튜디오, 야외 촬영 시 신랑・신부의 웨딩 메이크업을 실행할 수 있는 능력이다.

능력단위요소	수 행 준 거
1201010322_16v3.1 스튜디오 메이크업 하기	1.1 스튜디오 웨딩 촬영 시 (화보) 콘셉트 장소 특성을 파악할 수 있다. 1.2 촬영 환경, 드레스 유형, 토탈 스타일링 등을 고려한 리허설 웨딩 메이크업을 할 수 있다.
	【지 식】 ◦ 스튜디오 촬영 현장에 대한 지식 ◦ 스튜디오 별 콘셉트에 대한 정보 ◦ 메이크업 수정과 보완에 대한 지식
	【기 술】 ◦ 이미지별 특징을 표현하는 메이크업 방법 ◦ 연출 상황에 따른 메이크업 표현 기술 ◦ 신랑・신부 메이크업 표현 기술 ◦ 연출에 따른 메이크업 수정・보완 기술
	【태 도】 ◦ 이크업을 꼼꼼하게 점검하는 태도 ◦ 완성도를 높이기 위한 수정 보완 메이크업을 철저히 하려는 태도

능력단위요소	수 행 준 거
1201010322_16v3.2 야외 촬영 메이크업 하기	2.1 야외 촬영 장소, 드레스·한복, 토탈 스타일링 등을 통해 콘셉트를 파악할 수 있다. 2.2 계절, 자연환경 등의 특징적 요소를 고려하여 신랑신부의 메이크업을 할 수 있다.
	【지 식】 ◦ 스냅사진에 대한 지식 ◦ 연출 이미지와 환경과의 조화에 대한 지식
	【기 술】 ◦ 스냅 사진 메이크업 기술 ◦ 연출 상황에 따른 메이크업 이미지 체인지 기술 ◦ 연출에 따른 메이크업 수정·보완 기술
	【태 도】 ◦ 고객에게 맞는 콘셉트를 정확하게 분석하려는 태도 ◦ 연출의 효과를 높이기 위한 메이크업을 수정 보완하려는 태도

분류번호 : 1201010323_16v3

능력단위 명칭 : 본식 웨딩 메이크업

능력단위 정의 : 본식 웨딩 메이크업은 웨딩 이미지를 반영하여 신랑, 신부, 혼주 메이크업을 할 수 있는 능력이다.

능력단위요소	수 행 준 거
1201010323_16v3.1 신랑 · 신부 본식 메이크업 하기	1.1 웨딩 콘셉트를 반영하여 본식 신랑, 신부 메이크업을 할 수 있다. 1.2 웨딩 메이크업 유지를 위해 메이크업을 수정 · 보완 할 수 있다.
	【지 식】 ◦ 웨딩 현장의 조명, 규모 등에 대한 정보 ◦ 메이크업 수정과 보완에 대한 지식
	【기 술】 ◦ 웨딩 이미지별 특징을 표현하는 기술 ◦ 연출 상황에 따른 메이크업 표현 기술 ◦ 신부 메이크업 표현 기술 ◦ 신랑 메이크업 표현 기술 ◦ 연출에 따른 메이크업 수정 · 보완 기술
	【태 도】 ◦ 웨딩 콘셉트를 적극적으로 반영하려는 태도 ◦ 신랑, 신부가 불편하지 않도록 세심하게 배려하는 자세

능력단위요소	수 행 준 거
1201010323_16v3.2 혼주 메이크업 하기	2.1 혼주의 연령, 얼굴 형태, 피부 상태를 파악할 수 있다. 2.2 혼주의 이미지에 적합한 메이크업을 할 수 있다. 2.3 혼주의 이미지 유지를 위한 메이크업을 수정 · 보완할 수 있다.
	【지 식】 ◦ 얼굴 골격, 피부 관련 지식 ◦ 웨딩 현장의 조명, 규모 등에 대한 정보 ◦ 메이크업 수정과 보완에 대한 지식
	【기 술】 ◦ 혼주의 이미지와 특징을 조화롭게 표현하는 기술 ◦ 연출에 따른 메이크업 수정 · 보완 기술
	【태 도】 ◦ 혼주의 얼굴 형태, 피부 상태를 정확하게 파악하려는 태도 ◦ 메이크업을 하는 동안 고객을 세심하게 배려하는 태도

분류번호 : 1201010341_16v1

능력단위 명칭 : 응용메이크업

능력단위 정의 : 응용 메이크업은 패션이미지 유형에 따라 메이크업 디자인 요소를 분석하고 메이크업을 할 수 있는 능력이다.

능력단위요소	수 행 준 거
1201010341_16v1.1 패션 이미지 메이크업 제안하기	1.1 패션 이미지 유형에 따라 메이크업 디자인 요소를 분석할 수 있다. 1.2 패션 이미지 분석결과를 메이크업 일러스트로 표현할 수 있다.
	【지 식】 ◦ 메이크업 디자인 요소 지식 ◦ 메이크업 이미지에 대한 지식 ◦ 패션 이미지에 대한 지식
	【기 술】 ◦ 일러스트레이션 표현 기술 ◦ 프리젠테이션 테크닉
	【태 도】 ◦ 메이크업 디자인 요소를 정확히 분석하려는 태도 ◦ 패션 이미지 메이크업을 창의적으로 표현하는 자세

능력단위요소	수 행 준 거
1201010341_16v1.2 패션 이미지 메이크업 하기	2.1 패션 이미지 유형에 따라 메이크업을 할 수 있다. 2.2 TPO를 고려해서 메이크업 이미지를 표현할 수 있다. 2.3 의복, 헤어, 소품 등을 고려하여 메이크업을 수정 보완 할 수 있다.
	【지 식】 ◦ 메이크업 표현 지식 ◦ TPO 메이크업에 대한 지식 ◦ 토탈 코디네이션 지식
	【기 술】 ◦ 기초 메이크업 기술 ◦ 다양한 메이크업 테크닉 ◦ 패션 이미지 메이크업 표현 기술
	【태 도】 ◦ 패션 이미지 메이크업 완성을 위해 최선을 다하는 태도

분류번호 : 1201010342_16v1

능력단위 명칭 : 트랜드 메이크업

능력단위 정의 : 트랜드 메이크업은 패션, 헤어스타일, 컬러, 메이크업, 제품 정보 등의 트랜드를 파악하고 시대별 메이크업 특성을 반영한 디자인을 실행할 수 있는 능력이다.

능력단위요소	수 행 준 거
1201010342_16v1.1 트랜드 조사하기	1.1 패션, 헤어스타일, 컬러, 메이크업, 제품 정보 등의 트랜드를 파악할 수 있다. 1.2 패션, 헤어스타일, 컬러 등의 트랜드 정보를 포트폴리오로 구성할 수 있다
	【지 식】 ◦ 패션 트렌드 ◦ 컬러 트렌드 ◦ 메이크업 트랜드
	【기 술】 ◦ 트렌드 정보 수집, 분석 기술
	【태 도】 ◦ 트렌드 정보를 지속적으로 수집하는 태도 ◦ 뷰티 트렌드를 통합적으로 학습하는 태도
1201010342_16v1.2 트랜드 메이크업 하기	2.1 최신 메이크업 트랜드를 일러스트로 표현할 수 있다. 2.2 최신 트렌드 정보를 메이크업에 적용할 수 있다.
	【지 식】 ◦ 최신 메이크업 트렌드 ◦ 최신 컬러 트렌드 ◦ 최신 패션 트렌드

능력단위요소	수 행 준 거
1201010342_16v1.2 트랜드 메이크업 하기	【기 술】 ◦ 메이크업 일러스트 표현 기술 ◦ 최신 트렌드 메이크업 표현 기술 【태 도】 ◦ 메이크업 트렌드 제안의 창의적인 사고
1201010342_16v1.3 시대별 메이크업 하기	2.1 시대별 사회・문화적 배경, 패션, 메이크업 스타일의 특징을 파악할 수 있다 2.2 시대별 메이그업 특성을 일러스트로 표현할 수 있다. 2.3 시대별 메이크업 특성을 반영한 디자인을 실행할 수 있다. 【지 식】 ◦ 시대별 메이크업 특성에 관한 지식 ◦ 시대별 메이크업 표현 지식 【기 술】 ◦ 시대별 메이크업 일러스트 표현 기술 ◦ 시대별 메이크업 표현 기술 【태 도】 ◦ 시대별 메이크업 특성을 정확하게 분석하는 태도 ◦ 시대별 이미지 완성을 위해 최선을 다하는 태도

3. 평가계획

1) 진단평가

- 평가내용 : NCS능력단위요소에 근거하여 다음 항목을 자가진단한다.
- 평가시기 : 능력단위학습 전에 평가한다.
- 영역별 세부평가내용

1201010313_16v3 | 퍼스널이미지 제안

진단영역	진 단 문 항	매우 미흡	미흡	보통	우수	매우 우수
퍼스널컬러 파악하기	고객의 피부, 눈동자, 모발 등의 컬러를 분석하여 진단지에 기록할 수 있다.	①	②	③	④	⑤
	고객의 선호색, 트렌드 등을 분석하여 퍼스널컬러를 파악할 수 있다.	①	②	③	④	⑤
	드레이프를 활용하여 고객에게 어울리는 컬러를 파악할 수 있다.	①	②	③	④	⑤
퍼스널 이미지 제안하기	퍼스널 컬러 진단에 따른 컬러이미지를 제안할 수 있다.	①	②	③	④	⑤
	컬러 이미지에 따른 메이크업, 헤어, 패션 등의 코디네이션을 제안할 수 있다.	①	②	③	④	⑤

[진단결과]

진단영역	문항 수	점수	점수 ÷ 문항 수
퍼스널컬러 파악하기	3		
퍼스널 이미지 제안하기	2		
합계	**5**		

☞ 자신의 점수를 문항 수로 나눈 값이 '3점'이하에 해당하는 영역은 업무를 성공적으로 수행하는데 요구는 능력이 부족한 것으로 교육훈련이나 개인학습을 통한 개발이 필요함.

1201010316_16v3 퍼스널이미지 제안

진단영역	진 단 문 항	매우 미흡	미흡	보통	우수	매우 우수
피부표현 메이크업 하기	얼굴의 피부색 및 피부 톤에 따른 베이스 제품을 구분할 수 있다.	①	②	③	④	⑤
	베이스 제품의 질감, 발림, 밀착성 등을 고려하여 제품을 선택할 수 있다.	①	②	③	④	⑤
	베이스 제품의 특성에 따른 표현 도구를 사용할 수 있다.	①	②	③	④	⑤
얼굴 윤곽 수정하기	얼굴 피부 유형, 피부 톤 상태에 따른 윤곽 수정 제품을 사용할 수 있다.	①	②	③	④	⑤
	피부의 추가적인 결점 보완을 위한 제품을 선택할 수 있다.	①	②	③	④	⑤

[진단결과]

진단영역	문항 수	점수	점수 ÷ 문항 수
피부표현 메이크업하기	3		
얼굴 윤곽 수정하기	2		
합계	**5**		

☞ 자신의 점수를 문항 수로 나눈 값이 '3점'이하에 해당하는 영역은 업무를 성공적으로 수행하는데 요구는 능력이 부족한 것으로 교육훈련이나 개인학습을 통한 개발이 필요함.

1201010317_16v3 | 색조 메이크업

진단영역	진 단 문 항	매우 미흡	미흡	보통	우수	매우 우수
아이브로우 메이크업 하기	눈썹형태, 얼굴형, 디자인 등에 따른 아이브로우 이미지를 구분할 수 있다.	①	②	③	④	⑤
	얼굴형태, 메이크업 디자인을 위한 눈썹을 정리할 수 있다	①	②	③	④	⑤
	아이브로우 이미지 표현을 위해 색상, 형태 등을 수정・보완 할 수 있다	①	②	③	④	⑤
	메이크업디자인, 스타일 등에 따른 아이브로우를 표현할 수 있다	①	②	③	④	⑤
아이 메이크업하기	재료의 특성에 따른 질감, 발색, 밀착성, 발림성 등을 구분・선택할 수 있다.	①	②	③	④	⑤
	눈의 형태, 결점보완을 위한 아이섀도우를 사용할 수 있다.	①	②	③	④	⑤
	메이크업 디자인에 적합한 눈매를 표현할 수 있다.	①	②	③	④	⑤
	눈의 형태, 눈동자, 모발 및 눈썹 등을 고려하여 아이라인을 표현할 수 있다.	①	②	③	④	⑤
	속눈썹 상태, 메이크업 디자인에 적합한 마스카라 제품을 사용할 수 있다.	①	②	③	④	⑤
립&치크 메이크업 하기	입술 형태에 따른 립 메이크업을 디자인 할 수 있다.	①	②	③	④	⑤
	입술 형태, 상태에 따른 립 메이크업 제품을 선택할 수 있다.	①	②	③	④	⑤

립&치크 메이크업 하기	입술 형태에 따른 립 메이크업을 수정 보완할 수 있다.	①	②	③	④	⑤
	얼굴 형태, 피부 톤, 메이크업디자인에 따른 치크 메이크업을 디자인 할 수 있다.	①	②	③	④	⑤
	제품 유형별 표현 이미지를 구분하여 치크 메이크업을 실행 할 수 있다.	①	②	③	④	⑤
	메이크업 이미지에 따른 립&치크 컬러를 연출할 수 있다.	①	②	③	④	⑤

[진단결과]

진단영역	문항 수	점수	점수 ÷ 문항 수
아이브로우 메이크업하기	4		
아이 메이크업하기	5		
립&치크 메이크업하기	6		
합계	**15**		

☞ 자신의 점수를 문항 수로 나눈 값이 '3점'이하에 해당하는 영역은 업무를 성공적으로 수행하는데 요구는 능력이 부족한 것으로 교육훈련이나 개인학습을 통한 개발이 필요함.

1201010321_16v3	웨딩이미지 제안

진단영역	진 단 문 항	매우 미흡	미흡	보통	우수	매우 우수
웨딩이미지 파악하기	결혼식 장소의 조명, 크기, 공간디자인 등을 파악할 수 있다.	①	②	③	④	⑤
	수집된 정보를 종합 분석하여 고객이 원하는 웨딩 콘셉트를 제시할 수 있다.	①	②	③	④	⑤
	웨딩관련 최신 트렌드와 메이크업정보를 고객에게 설명할 수 있다.	①	②	③	④	⑤
웨딩메이크업 이미지 제안하기	수집된 정보를 분석하여 웨딩메이크업 이미지와 컬러를 제안할 수 있다.	①	②	③	④	⑤
	다양한 콘셉트의 웨딩 메이크업 시안을 제작할 수 있다.	①	②	③	④	⑤
	웨딩메이크업 이미지 연출을 위한 소품을 제안할 수 있다.	①	②	③	④	⑤

[진단결과]

진단영역	문항 수	점수	점수 ÷ 문항 수
웨딩이미지 파악하기	3		
웨딩메이크업 이미지제안하기	3		
합계	**6**		

☞ 자신의 점수를 문항 수로 나눈 값이 '3점'이하에 해당하는 영역은 업무를 성공적으로 수행하는데 요구는 능력이 부족한 것으로 교육훈련이나 개인학습을 통한 개발이 필요함.

1201010341_16v1	응용메이크업

진단영역	진 단 문 항	매우 미흡	미흡	보통	우수	매우 우수
패션 이미지 메이크업 제안하기	패션 이미지 유형에 따라 메이크업 디자인 요소를 분석할 수 있다.	①	②	③	④	⑤
	패션 이미지 분석결과를 메이크업 일러스트로 표현할 수 있다.	①	②	③	④	⑤
패션 이미지 메이크업하기	패션 이미지 유형에 따라 메이크업을 할 수 있다.	①	②	③	④	⑤
	TPO를 고려해서 메이크업 이미지를 표현할 수 있다.	①	②	③	④	⑤
	의복, 헤어, 소품 등을 고려하여 메이크업을 수정 보완 할 수 있다	①	②	③	④	⑤

[진단결과]

진단영역	문항 수	점수	점수 ÷ 문항 수
패션 이미지 메이크업 제안하기	2		
패션 이미지 메이크업하기	3		
합계	**5**		

☞ 자신의 점수를 문항 수로 나눈 값이 '3점'이하에 해당하는 영역은 업무를 성공적으로 수행하는데 요구는 능력이 부족한 것으로 교육훈련이나 개인학습을 통한 개발이 필요함.

1201010342_16v1	트랜드 메이크업

진단영역	진 단 문 항	매우 미흡	미흡	보통	우수	매우 우수
트랜드 조사하기	패션, 헤어스타일, 컬러, 메이크업, 제품 정보 등의 트랜드를 파악할 수 있다.	①	②	③	④	⑤
	패션, 헤어스타일, 컬러 등의 트랜드 정보를 포트폴리오로 구성할 수 있다	①	②	③	④	⑤
트랜드 메이크업 하기	최신 메이크업 트랜드를 일러스트로 표현할 수 있다.	①	②	③	④	⑤
	최신 트렌드 정보를 메이크업에 적용할 수 있다.	①	②	③	④	⑤
시대별 메이크업 하기	시대별 사회·문화적 배경, 패션, 메이크업 스타일의 특징을 파악할 수 있다	①	②	③	④	⑤
	시대별 메이크업 특성을 일러스트로 표현할 수 있다.	①	②	③	④	⑤
	시대별 메이크업 특성을 반영한 디자인을 실행할 수 있다	①	②	③	④	⑤

[진단결과]

진단영역	문항 수	점수	점수 ÷ 문항 수
트랜드 조사하기	2		
트랜드 메이크업 하기	3		
시대별 메이크업 하기			
합계	**5**		

☞ 자신의 점수를 문항 수로 나눈 값이 '3점'이하에 해당하는 영역은 업무를 성공적으로 수행하는데 요구는 능력이 부족한 것으로 교육훈련이나 개인학습을 통한 개발이 필요함.

2) 직무능력평가

- 평가내용 : NCS능력단위요소에 근거하여 다음 항목을 한다.
- 평가시기 : 능력단위학습 후에 평가한다.
- 영역별 세부평가내용

진단영역		진 단 문 항	매우 미흡	미흡	보통	우수	매우 우수
퍼스널이미지제안	퍼스널컬러 파악하기	고객의 피부, 눈동자, 모발 등의 컬러를 분석하여 진단지에 기록할 수 있다	①	②	③	④	⑤
		고객의 선호색, 트렌드 등을 분석하여 퍼스널 컬러를 파악할 수 있다.	①	②	③	④	⑤
		드레이프를 활용하여 고객에게 어울리는 컬러를 파악할 수 있다	①	②	③	④	⑤
	퍼스널 이미지 제안하기	퍼스널 컬러 진단에 따른 컬러이미지를 제안할 수 있다	①	②	③	④	⑤
		컬러 이미지에 따른 메이크업, 헤어, 패션 등의 코디네이션을 제안할 수 있다	①	②	③	④	⑤
베이스메이크업	피부표현 메이크업하기	얼굴의 피부색 및 피부 톤에 따른 베이스 제품을 구분할 수 있다.	①	②	③	④	⑤
		베이스 제품의 질감, 발림, 밀착성 등을 고려하여 제품을 선택할 수 있다.	①	②	③	④	⑤
		베이스 제품의 특성에 따른 표현 도구를 사용할 수 있다.	①	②	③	④	⑤
	얼굴 윤곽 수정하기	얼굴 피부 유형, 피부 톤 상태에 따른 윤곽 수정 제품을 사용할 수 있다.	①	②	③	④	⑤
		피부의 추가적인 결점 보완을 위한 제품을 선택할 수 있다.	①	②	③	④	⑤

색소메이크업	아이브로우 메이크업하기	눈썹형태, 얼굴형, 디자인 등에 따른 아이브로우 이미지를 구분할 수 있다.	①	②	③	④	⑤
		얼굴형태, 메이크업 디자인을 위한 눈썹을 정리할 수 있다	①	②	③	④	⑤
		이이브로우 이미지 표현을 위해 색상, 형태 등을 수정・보완 할 수 있다	①	②	③	④	⑤
		메이크업디자인, 스타일 등에 따른 아이브로우를 표현할 수 있다.	①	②	③	④	⑤
	아이 메이크업 하기	재료의 특성에 따른 질감, 발색, 밀착성, 발림성 등을 구분・선택할 수 있다.	①	②	③	④	⑤
		눈의 형태, 결점보완을 위한 아이섀도우를 사용할 수 있다.	①	②	③	④	⑤
		메이크업 디자인에 적합한 눈매를 표현할 수 있다.	①	②	③	④	⑤
		눈의 형태, 눈동자, 모발 및 눈썹 등을 고려하여 아이라인 표현할 수 있다.	①	②	③	④	⑤
		속눈썹 상태, 메이크업 디자인에 적합한 마스카라 제품을 사용할 수 있다.	①	②	③	④	⑤
	립&치크 메이크업 하기	입술 형태에 따른 립 메이크업을 디자인 할 수 있다.	①	②	③	④	⑤
		입술 형태, 상태에 따른 립 메이크업 제품을 선택할 수 있다.	①	②	③	④	⑤
		입술 형태에 따른 립 메이크업을 수정 보완할 수 있다.	①	②	③	④	⑤
		얼굴 형태, 피부 톤, 메이크업디자인에 따른 치크 메이크업을 디자인 할 수 있다.	①	②	③	④	⑤
		제품 유형별 표현 이미지를 구분하여 치크 메이크업을 실행 할 수 있다.	①	②	③	④	⑤
		메이크업 이미지에 따른 립&치크 컬러를 연출할 수 있다.	①	②	③	④	⑤

웨딩이미지제안	웨딩 이미지 파악하기	결혼식 장소의 조명, 크기, 공간디자인 등을 파악할 수 있다	①	②	③	④	⑤
		수집된 정보를 종합 분석하여 고객이 원하는 웨딩 콘셉트를 제시할 수 있다.	①	②	③	④	⑤
		웨딩관련 최신 트렌드와 메이크업정보를 고객에게 설명할 수 있다.	①	②	③	④	⑤
	웨딩 메이크업 이미지 제안하기	수집된 정보를 분석하여 웨딩메이크업 이미지와 컬러를 제안할 수 있다.	①	②	③	④	⑤
		다양한 콘셉트의 웨딩 메이크업 시안을 제작할 수 있다.	①	②	③	④	⑤
		웨딩메이크업 이미지 연출을 위한 소품을 제안할 수 있다.	①	②	③	④	⑤
응용메이크업	패션 이미지 메이크업 제안 하기	패션 이미지 유형에 따라 메이크업 디자인 요소를 분석할 수 있다.	①	②	③	④	⑤
		패션 이미지 분석결과를 메이크업 일러스트로 표현할 수 있다.	①	②	③	④	⑤
	패션 이미지 메이크업 하기	패션 이미지 유형에 따라 메이크업을 할 수 있다.	①	②	③	④	⑤
		TPO를 고려해서 메이크업 이미지를 표현할 수 있다.	①	②	③	④	⑤
		의복, 헤어, 소품 등을 고려하여 메이크업을 수정 보완 할 수 있다.	①	②	③	④	⑤
트랜드메이크업 트랜드메이크업	트랜드 조사하기	패션, 헤어스타일, 컬러, 메이크업, 제품 정보 등의 트랜드를 파악할 수 있다.	①	②	③	④	⑤
		패션, 헤어스타일, 컬러 등의 트랜드 정보를 포트폴리오로 구성할 수 있다	①	②	③	④	⑤
	트랜드 메이크업 하기	최신 메이크업 트랜드를 일러스트로 표현할 수 있다.	①	②	③	④	⑤
		최신 트렌드 정보를 메이크업에 적용할 수 있다.	①	②	③	④	⑤
	시대별 메이크업 하기	시대별 사회·문화적 배경, 패션, 메이크업 스타일의 특징을 파악할 수 있다	①	②	③	④	⑤
		시대별 메이크업 특성을 일러스트로 표현할 수 있다.	①	②	③	④	⑤
		시대별 메이크업 특성을 반영한 디자인을 실행할 수 있다	①	②	③	④	⑤

[참고문헌]

김효정, Make-up, 학연사, 1999

이강미, 김유정외, 메이크업어드밴스드, 구민사, 2014

이강미, 김유정외 메이크업 베이직(Makeup Basic), 2014

박소정외 BASIC MAKE-UP(메이크업기초입문), 훈민사, 2005

김은희, 신세영외, 베이직 메이크업(BASIC MAKE-UP), 교문사, 2012

양진희, 박춘심외, 메이크업디자인(Make up Design), 광문각, 2011

강근영, 메이크업디자인(Make up Desing), 훈민사, 2003

노희영, 김용선외, 실용메이크업, 광문각, 2009

이현주, 전연숙, 조고미, 조진아, 한정아, 더 메이크업(THE MAKE-UP), 예림, 2015

김활란, 김은희, 김도이, 김연아, 최성순, 메이크업개론, HKM(한국의백 출판사), 2014

이화순, 장미숙, 조기여, 이운형, 황지호, MAKEUP 美學 1, 2, 경춘사, 2010

오인영, 이숙연, 강근영, 류지원, 메이크업디자인(BASIC), 훈민사, 2009

오인영, 이숙연, 강근영, 류지원, 메이크업디자인(ADVANCED), 훈민사, 2009

박춘심, 메이크업(Make-up), 광문각, 2001

강경화, MAKE YOU UP(내 안의 또 다른 나에 대한 탐구), 국제, 2007

권구정, MAKEUP ICON, 청구문화사, 2009

김은희, 신세영, 임소연,BASIC MAKE-UP(베이직 메이크업), 교문사, 2012

김영희외 토털메이크업, 정문각, 2011

전선정, 안현경, 이위경, 문윤경, 미용미학과 미용문화사, 청구문화사, 2014

김용선, 김민기, 뷰티컬러 트레이닝, 예림, 2015

[참고 사이트]

https://www.mbcbeauty.co.kr/?r=2014&m=bbs&bid=reviews&p=660&sort=d_regis&orderby=desc&uid=48755

http://seobongha.com/bbs/zboard.php?id=Essay&page=5&sn1=&divpage=1&sn=off&ss=on&sc=on&select_arrange=headnum&desc=asc&no=171&PHPSESSID=f27e8a0629fe4d4e06336b2466ca79c5

http://m.blog.daum.net/ljlmakeupworld/4550297

http://multiculture.dibrary.net/posts/list/401/45634/0.do

http://m.blog.naver.com/beckham8022/140188411792

http://m.cafe.daum.net/spmakeup/Cp7/5?q=D_KkJLW6NS9QQ0

http://m.blog.naver.com/beckham8022/140188587372

http://cafe.daum.net/_c21_/bbs_search_read?grpid=H3EC&fldid=Cp7&datanum=5

http://blog.naver.com/PostView.nhn?blogId=helmut_lang&logNo=150036857107

http://blog.naver.com/PostThumbnailView.nhn?blogId=jihimilk&logNo=55361472&categoryNo=53&parentCategoryNo=0

http://bookdb.co.kr/bdb/Column.do?_method=ColumnDetail&sc.webzNo=3734

http://m.blog.daum.net/elara1020/8465022?categoryId=797552

http://egloos.zum.com/mlkangho/v/10211032

http://m.blog.naver.com/ykinglio/90149628377

http://galleryart.co.kr/front/php/category.php?cate_no=725

http://blog.daum.net/_blog/BlogTypeView.do?blogid=0aPl5&articleno=741

https://image-proxy.namuwikiusercontent.com/r/http%3A%2F%2Fblog.joins.com%2Fusr%2Fl%2Fi%2Flistmin%2F25%2F(1)492px-Tizian_057.jpg

http://m.blog.naver.com/babydoll03/50126235353

http://blog.naver.com/jiwoo245/220476566587

http://m.blog.naver.com/royalsweet16/110171770307

http://blog.naver.com/PostThumbnailView.nhn?blogId=jihimilk&logNo=56139754&categoryNo=53&parentCategoryNo=0

http://m.blog.naver.com/rhflffk489/220427018055

http://makeupforyou.tistory.com/30

http://blog.naver.com/PostView.nhn?blogId=kjm_5767&logNo=220670422050

http://blog.daum.net/_blog/BlogTypeView.do?blogid=0nOxy&articleno=57

http://blog.daum.net/poetlsh/6935216

http://lomangce.tistory.com/318

http://m.blog.daum.net/_blog/_m/articleView.do?blogid=0GDGH&articleno=7084512

http://m.blog.naver.com/onlinestudio/80126001255

https://www.flickr.com/photos/marilynmonroe2011/11036519273

https://namu.mirror.wiki/w/%EC%98%A4%EB%93%9C%EB%A6%AC%20%ED%97%B5%EB%B2%88

http://www.dailymail.co.uk/tvshowbiz/article-484323/At-73-Brigitte-Bardot-greying-goddess.html

http://www.beautyhankook.com/news/articleView.html?idxno=40167

http://blog.naver.com/max63kr/220684185589

http://m.blog.daum.net/ro72265/17063339

http://m.hwangboo.co.kr/board/product/read.html?no=1481&board_no=7&page=3

http://m.blog.daum.net/ro72265/17063338

http://timetree.zum.com/4429/56886

저자약력

강 정 인 교수

현) 정화예술대학교 미용예술학부(메이크업전공) 조교수

심 예 원 교수

현) 서울예술실용전문학교 뷰티예술계열 계열장

이 미 희 교수

현) 동서울대학교 뷰티코디네이션과 교수

이 정 선 교수

현) 을지대학교 평생교육원 뷰티예술학과 주임교수

천 지 연 교수

현) 서정대학교 뷰티아트과 학부장

이 주 미 교수

현) 재능대학교 뷰티케어과 학부장

NCS기반 **베이직 메이크업**

2017년 2월 24일 (1판 1쇄 발행)
2021년 3월 3일 (1판 2쇄 인쇄) / 2021년 3월 8일 (1판 2쇄 발행)
지은이. 강정인 · 심예원 · 이미희 · 이정선 · 이주미 · 천지연 (가나다 순)
펴낸이. 고범석 | 펴낸곳. 가담플러스. 서울시 마포구 동교로 144-7 영일빌딩
등록. 2011년 8월 23일 제 2013-000043호
E-mail. gadambooks@naver.com
www.gadambooks.com

ISBN 979-11-86447-16-1 93590 가격 **25,000**원